Josef Franz Capesius

Die Hauptmomente in der Entwicklungsgeschichte der herbartischen Metaphysik

Josef Franz Capesius

Die Hauptmomente in der Entwicklungsgeschichte der herbartischen Metaphysik

ISBN/EAN: 9783743652897

Hergestellt in Europa, USA, Kanada, Australien, Japan

Cover: Foto ©berggeist007 / pixelio.de

Weitere Bücher finden Sie auf **www.hansebooks.com**

Die Hauptmomente

in der

Entwicklungsgeschichte

der

Herbartischen Metaphysik.

Inaugural-Dissertation

zur

Erlangung der philosophischen Doctorwürde an der Universität Leipzig

eingereicht

von

Joseph Franz Capesius

aus Siebenbürgen.

I. Schulbildung.

Das logisch-rationalistische Fundament.

Die geistige Entwicklung jedes Einzelnen beruht auf der Wechselwirkung zwischen Individualität und Ueberlieferung. Sie vollzieht sich als ein Apperceptionsprocess[1]), durch welchen die Individualität die überlieferten Stoffe in sich aufnimmt und verarbeitet — verarbeitet zu wesentlich neuen Resultaten, wenn wir es mit einem hervorragenden Geist zu thun haben, dessen Auszeichnendes eben in der schöpferischen Kraft der Individualität besteht. In der Darlegung dieses Processes — wie die specielle Gestaltung jener beiden Factoren und die besondere Art ihres Zusammenwirkens das Zustandekommen einer bestimmten geistigen Bildung bedingt — findet die Entwicklungsgeschichte eines individuellen Geisteslebens ihre Aufgabe.

Die gleichen Gesichtspuncte sind massgebend für die Entwicklungsgeschichte eines philosophischen Systems, denn ein solches bildet nur eine besondere Seite im Geistesleben seines Urhebers.

Mag streng genommen bei jeder Entwicklung die individuelle Anlage, der Boden gleichsam für die lebensfähigen Keime, das Primäre sein, so gibt sich dieselbe doch erst in ihrer Bethätigung an der einwirkenden Ueberlieferung zu erkennen und wird anfangs durch letztere selbst so überwiegend bedingt, dass diese zuerst in bestimmten Umrissen der Betrachtung sich darbietet.

Auf Herbart wirken schon früh specifisch philosophische Einflüsse, welche für die Grundlegung seiner philosophischen Entwicklung als bedeutsam erscheinen. Er geniesst frühzeitig einen vorzüglichen Privatunterricht (Herbart's kleinere philos. Schr., herausgeg. v. Hartenstein 1842. Bd. I. Einl. S. VII. f. und Herbartische Reliquien, herausgeg. v. Ziller 1871. S. 3) und lernt dabei bereits als Knabe von 11 Jahren die Logik (Rel. S. 158). Der Religionsunterricht berührt „vielfach Fragen aus der Moral, der Psychologie und der Metaphysik, nach dem Zuschnitt einer vorzüglich zur Wolffischen Philosophie sich hinneigenden Denkart" und Hartenstein, dem wir diese Mittheilungen danken, meint, dass jedenfalls „gerade dieser Unterricht das philosophische Bedürfniss Herbart's zuerst geweckt und ihm Nahrung zugeführt habe." (Kl. Schr. I. S. VIII) In Prima des Oldenburgischen Gymnasiums — welches Herbart 1788 bis 1794 besuchte — erhält er Unterricht in der Philosophie nach Baumeister's Institutiones philosophiae rationalis methodo Wolfii conscriptae (Rel. S. 3 u. 4), einem Buch, welches jenen Wolffischen „Geist der Gründlichkeit," den breit angelegten Formalismus der Schule, getreulich zum Ausdruck bringt. Dass er auch über die Anforderungen des Unterrichts

1*

hinaus mit herrschenden philosophischen Lehrmeinungen sich vertraut
machte, bezeugt die spätere Aeusserung von ihm, dass sein philosophishes
Denken „jahrelang von dem Eintritt in die Fichte'sche Schule" — dieser
erfolgte aber bereits 1794 — „durch Wolffische und durch Kantische
Lehren in Gang gesetzt war, natürlich in weiterem Umfange, als den die
bekanntlich sehr enge Fichte'sche Schule hätte eröffnen können" (Sämmtl.
Werke VII. S. 363). Auf nähere Beschäftigung mit Kant deutet noch
die Notiz, dass er bei seinem Abgang vom Gymnasium (Ostern 1794)
in einer lateinischen Abschiedsrede Cicero's und Kant's Gedanken über
das höchste Gut und den Grundsatz der practischen Philosophie verglich
(Rel. S. 6).

Die letztangeführten Daten weisen darauf hin, dass Herbart schon
während seiner Schulzeit nicht bei blossem Aufnehmen, schulmässigem
Aneignen dargebotener Lehrstoffe stehen blieb, sondern dieselben bereits
selbstthätig zu verarbeiten suchte. In der That heisst es in der kurzen
Vorbemerkung zur ersten, der Hauptsache nach vollständigen Darstellung
seiner Metaphysik — den „Hauptpuncten" vom Jahre 1806: „In der
Stille sind die Gedanken, deren kürzeste Bezeichnung hier erscheint,
während des Laufs von achtzehn Jahren auf eigenem Boden gewachsen
und gezogen" (III. 2). Demnach hätten wir den Anfang selbstthätiger
philosophischer Entwicklung bei Herbart vom Jahr 1788, in welchem er
(geboren 4. Mai 1776) sein 12tes Lebensjahr erfüllte, zu datiren. Als
Beweis, „dass er sehr bald angefangen, fremde ihm mitgetheilte Gedanken selbständig zu verarbeiten und zu prüfen" führt Hartenstein
einen kleinen handschriftlich erhaltenen Aufsatz mit der Ueberschrift:
Etwas über die Lehre von der menschlichen Freiheit, vom Jahre 1790
an (Kl. Schr. I. S. IX), welcher in der That schon recht gewandt mit
dem „Trieb nach Glückseligkeit", dem „Erfahrungssatz, dass jeder Zustand
der menschlichen Seele in dem nächstvorhergehenden gegründet sei,"
der „lex continui", und anderem philosophischen Rüstzeug operirt. Ueber
das Zustandekommen des Aufsatzes spricht sich Herbart selbst 10 Jahre
später in bezeichnender Weise aus: „Uelzen's" (des frühern Privatlehrers)
„Logik steckte mir mächtig im Kopfe; so auch seine vielen Triebe und
Fähigkeiten des Menschen. In der Einleitung zu Less „von der Wahrheit der christlichen Religion" aber hatte ich Gründe gegen die Freiheit
oder vielmehr Winke dazu gefunden. Nun mussten meine philosophischen
Axiomen und Definitionen herbei, mussten sich verarbeiten lassen, wie
sie konnten, um mir einen Begriff von Freiheit und Nichtfreiheit zu
geben" (ebd. S. X).

So spärlich diese Andeutungen sind, lässt sich aus ihnen doch entnehmen, in welcher Richtung Herbart's philosophische Individualität sich
zunächst entwickelte. Einen Hauptzug derselben bildete gewiss der
„Trieb nach Bestimmtheit, Klarheit und Zusammenhang", der sich schon
bei dem Knaben „in einem für ein so frühes Alter nur sehr selten vor-
kommenden Grade" verrieth (ebd. S. VIII). Dieser Trieb zeigt sich thatsächlich wirksam in den sorgfältigen Begriffsbestimmungen, in den
klaren und umsichtigen Erörterungen jenes Aufsatzes über die Freiheit.
Ebenso wenig lässt die den Regeln der formalen Logik genau entsprechende Fassung und Anordnung der Sätze in demselben eine strenge
logische Schulung verkennen, welche auf Grund dieser frühen Uebung

Herbart gleichsam zur zweiten Natur wurde und dadurch ebenfalls einen wichtigen Factor seiner philosophischen Individualität abgab.

Die Hauptquelle, aus welcher Herbart seine erste philosophische Bildung schöpfte, war jedenfalls der Wolffische Rationalismus und wir dürfen annehmen, dass ihn sein früh erwachter philosophischer Trieb nicht bei einzelnen Seiten des Lehrgebäudes verharren liess, sondern zur Einsichtnahme in die principiellen Grundlagen und systematischen Zusammenhänge drängte. Und nicht bloss aufgenommen, sondern auch innerlich verarbeitet wurden diese Einflüsse, welche Materie und Form hergaben zu den ersten selbständigen philosophischen Versuchen, deren Bedeutung für seine weitere Entwicklung Herbart selbst wiederholt hervorhebt. Sicherlich wurde er dadurch in Tendenz und habitus jenes Rationalismus*) eingeführt, welcher in dem, von wenigen Definitionen und schlechthin gewissen Axiomen syllogistisch fortschreitenden Denken das höchste constitutive Princip, das schöpferische Werkzeug alles echten Wissens erkannte.

Dass wir in der That berechtigt sind, dieses erste Bildungselement, welches sich die Individualität Herbart's wirksam aneignet, als Fundament für seine weitere philosophische Entwicklung anzusehen, dass die tüchtige logisch-formale Bildung und die damit verbundene rationalistische Tendenz, die er aus den Kreisen der Wolffischen Schule überkommt, das Apperceptionsorgan abgibt für alle philosophischen Einflüsse, die weiterhin auf ihn einwirken, kann erst die Darlegung dieser Folgeentwicklung selbst zeigen.

II. Universitätsaufenthalt.

Fichte's Wissenschaftslehre. Princip und Methode der Philosophie.

An weiteren Einflüssen der gewichtigsten Art konnte es nicht fehlen, als Herbart Ostern 1794 die Universität Jena bezog, wo damals die von Kant eingeleitete philosophische Bewegung sich concentrirte. Eben begann Fichte, der neueste und hervorragendste Interpret und Fortbildner des Kriticismus, dort seine academische Lehrthätigkeit und liess vor begeisterten Zuhörern das neue System der Wissenschaftslehre erstehen, das, getragen von einer gewaltigen Persönlichkeit, die schon anderwärts erregten Gemüther zum höchsten Enthusiasmus fortriss.

Da hatte sicher auch im jungen Herbart die alte Schulweisheit einen schweren Stand vor dem blendenden Glanz des neu aufgehenden Gestirns. Doch war ihre Herrschaft viel zu fest begründet, als dass sie leicht und willig den Platz geräumt hätte, und von der tiefgehenden und andauernden Erschütterung, welche Herbart's Gedankenkreis hiebei erfuhr, gibt er selbst in einem Brief vom 28. August 1795 (also nach bereits anderthalbjährigem Aufenthalt in Jena) eine sehr anschauliche Schilderung: „Aus einer Art von Ohnmacht des Körpers und Geistes glaube ich nachgerade zu erwachen. Da ich hieher kam, änderten sich meine Beschäftigungen so sehr, wie alle meine anderen Verhältnisse. Die Wissenschaftslehre machte, um für ihr unendliches Ich Platz zu gewinnen, eine unendliche Leere in meinem Kopfe. In ein Labyrinth von Zweifeln verwickelt werden, das kann vielleicht zu desto angestrengterer Thätigkeit spornen; aber unter mir wich aller Grund und Boden, betäubt lag ich da; ohne selbst mir helfen zu können, musste ich mich der Hand überlassen, die mich nur langsam wieder aufrichten konnte und wollte. Dies traf zwar nur das, wovon ich theoretisch überzeugt zu sein glaubte, aber damit verlor ich den Stoff zum eigenen Denken, das, was mich, es mochte noch so unbedeutend oder falsch sein, doch wenigstens am interessantesten beschäftigt, worin ich gleichsam gelebt und gewebt hatte." (Rel. S. 20 f.) Wie tief mussten die philosophischen Ueberzeugungen in Herbart's Geist bereits Wurzel geschlagen haben, wenn ihre Erschütterung so nachhaltig auf seinen ganzen Gemüthszustand zurückwirken konnte.

Auch hatte es, ehe er vor dem unendlichen Ich den Stoff zum eigenen Denken verlor, nicht an Versuchen gefehlt, die Wissenschaftslehre nach den gewohnten Massstäben zu prüfen. Noch immer wie damals, als er über die menschliche Freiheit philosophirte, steckte ihm die Logik mächtig im Kopfe und es mussten ihre Formeln herbei, um über die Sätze der Wissenschaftslehre Klarheit zu verschaffen. In der That sind die ersten Bedenken, die ihm dabei aufstiegen und noch im ersten Semester Fichte übergeben wurden (XII. 3 f.), logisch formaler Natur. Die Formel, auf der sich der zweite Grundsatz der Wissenschaftslehre aufbaut: — A nicht = A, scheint ihm nichts anderes zu besagen, als die Formel — A = — A, folglich wäre sie gleichbedeutend mit der ersten: A = A, und die Denkbarkeit eines solchen Subjectes — A bliebe immer noch fraglich. Der zweite Einwand will unterschieden wissen zweierlei Arten der Entgegensetzung: — A und O A (Null mal A). Die erste bedeutet Setzung einer negativen Grösse, die zweite völlige Aufhebung[2]. Aus dem Satz: O A nicht = A könnte gefolgert werden: das Ich setzt sich gegenüber ein O Ich. Ein solches aber würde in unauflöslichem Widerspruch mit dem Ich treten, indem es dasselbe nicht begrenzte, sondern völlig aufhöbe. — Der letztere Einwurf zeigt bereits die Aufmerksamkeit auf den Widerspruch im Verhältniss des Ich und Nicht-Ich, die Hauptschwierigkeit, welche Fichte's System drückte.

Allein zunächst sollte es doch nicht zu einer consequenten Durchführung der Polemik kommen. Auf logische Bedenken, wie die obigen, mochte die Mahnung Fichte's erfolgen, „nicht an den Buchstaben des Einzelnen zu kleben, sondern alles aus dem Gesichtspuncte des Ganzen anzusehen" (Rel. S. 21). In der That ist damit diejenige Seite der Wissenschaftslehre gekennzeichnet, welche ganz geeignet erscheint, Herbart's logisch-formales Streben anzuziehen: ihre systematische Vollendung und Geschlossenheit, die das Streben nach philosophischem Zusammenhang der Erkenntniss im höchsten Masse befriedigen musste. In dieser Richtung vollzog sich jedenfalls seine grössere Annäherung an Fichte, von welcher Hartenstein (Kl. Schr. I. S. XVII) spricht und die so weit ging, dass Herbart selbst nachmals äussern konnte: „Eine Zeit lang ist Fichte'n vielleicht keiner seiner Schüler näher gewesen als ich" (Ungedruckte Briefe von und an Herbart, herausgeg. v. Zimmermann 1877. S. 39). In gleichem Sinne heisst es in dem bereits citirten Brief vom 28. August 1795: „Erst seit kurzem schimmert mir der Geist der Wissenschaftslehre hell genug durch ihren anscheinend paradoxen Buchstaben, um mich die Stunden ausfüllen zu lehren, die ich vorher im Unmuth über mich zu verlieren pflegte" (Rel. S. 21). Im Verfolg spricht er sich über Fichte aus, an welchem er am meisten „die Totalität seines Geistes, welche sich auch in seinem System so sehr zeigt," bewundert. Fichte's Forderung, die Philosophie müsse alle Geistesvermögen des Menschen in Anspruch nehmen, und den Vorwurf mangelnder Einbildungskraft, den jener wider die Philosophen erhebt, führt er beifällig an, und hiemit scheint das Stadium in der Entwicklung Herbart's gekennzeichnet, wo er eine befreundetere Stellung zur Wissenschaftslehre einnimmt.

Lange über den erwähnten Zeitpunct hinaus dauerte dieselbe aber keinesfalls, sondern schlug bald in eine Reaction um. Die erste skeptische Aeusserung tritt uns entgegen in einem Brief vom 1. Juli 1796: „Besonders bin ich für diesen Sommer stark beschäftigt, endlich mit der Wissenschaftslehre aufs Reine zu kommen, d. h. — im Vertrauen gesagt — mir selbst eine zu machen, denn ob ich gleich ohne Fichte zu gar Nichts gekommen sein würde, so kann ich doch von seinem Buch, so wie es bis jetzt da ist, eigentlich nicht eine einzige Seite als reinen Gewinn für die Wahrheit ansehn" (Rel. S. 28). „Meine Philosophie oder mein Philosophiren geht mehr und mehr seinen eigenen Gang" schreibt er am 30. Juli 1796 (ebd. S. 33) und erklärt, dass er sich immer „unabhängiger von den verbis magistri" mache (S. 30).

Somit befand sich Herbart bereits im Sommer 1796 in bewusstem Gegensatz zu Fichte, wogegen allerdings streiten würde, wenn wir mit Hartenstein (Kl. Schr. I. S. XXIII) und Zimmermann (Sitz.-Ber. der Wiener Akad. 83. Bd. 1876. S. 186) in einem um die gleiche Zeit verfassten Aufsatz (XII. 4 dort fälschlich auf 1794 verlegt, die richtige Correctur gibt Zimmermann a. a. O. S. 185) noch einen Ausdruck der Anhängerschaft Herbart's an Fichte sehen wollten. Allein derselbe verräth bereits in dem Masse die wesentlich modificirte Auffassung der Wissenschaftslehre durch Herbart, dass er mir vielmehr die ersten Schritte zu kennzeichnen scheint, welche Herbart that, sich eine eigene Wissenschaftslehre zu schaffen.

Die einleitenden Worte der Abhandlung geben in bemerkenswerther Weise dem Interesse Ausdruck, welches Herbart durch die Wissenschaftslehre hauptsächlich zu befriedigen suchte. In der grossen Frage: „Wie sind synthetische Urtheile a priori möglich?" hat Kant das Bedürfniss der ganzen Vernunft zusammengefasst. Auf Synthesis geht unser wissenschaftliches Forschen; neue Vorstellungen wollen wir mit unserem bisherigen verbinden, die Grenzen unseres Gesichtskreises erweitern. So wird uns eine Wissenschaft Bedürfniss, welche zeige, ob nicht etwa das Ganze unseres bisherigen Gedankenkreises schon die Bedingungen seiner Erweiterung enthalte. Synthesis ist das Wesen dieser Wissenschaft. Sie wird daher auch, wenn sie nur überhaupt möglich ist, „in allen ihren Theilen synthetisch zusammenhängen, von Einem Puncte aus wird man sie ganz durchlaufen können. Ein Grundsatz wird den ganzen Inhalt derselben bezeichnen, in ihm wird die ganze Idee der Wissenschaft concentrirt sein; er wird selbst die reinste Synthesis sein und zu allen übrigen Synthesen führen müssen" (XII. 5).

Die Forderung des Einen Grundsatzes, die hier kaum aus der inneren Consequenz des eingeschlagenen Gedankenganges, sondern mehr

als Einbiegung in bekannte Bahnen auftritt, ist allerdings gut Fich-
tisch. Auch das Folgende scheint noch ganz im Sinne der Wissenschaftslehre gehalten: dass nur im Begriff des Ich die völlig reine
Synthesis sich finde, da derselbe, rein gedacht, bloss den Begriff des
sich selbst Vorstellens enthalte, so dass die beiden Verbundenen —
das Vorstellende und das Vorgestellte Eins und Dasselbe seien. „Allein
eben darum ist auch diese Synthesis für sich allein gar nicht denkbar,
es kann Nichts zusammengesetzt werden, wenn nichts Verschiedenes da
ist. Daher muss dieses vorgestellte Ich in gewisser Rücksicht ein anderes
sein, eine neue Synthese eingehen, in der die vereinigten Glieder nicht
eins und dasselbe sind. (Ich stelle z. B. mich vor als denjenigen, der
hier sitzt und liest, so und so gekleidet ist, so alt ist u. s. w.) Und so
musste es kommen, denn wenn der Grundsatz in sich selbst Vollständig-
keit und Abgeschlossenheit hätte, so würde er nicht die Wissenschaft in
eine Reihe von ihm verschiedener Sätze führen. — Durch eine neue Synthesis also soll die Wissenschaft ihren Grundsatz denkbar machen. Das
Ich muss gewisse Verbindungen mit dem Nicht-Ich eingehen; aber aus
diesen Verbindungen muss es die Wissenschaft wieder trennen. Sie muss
zeigen, wie ich dazu komme, mich nicht bloss als den, der hier sitzt
u. s. w., sondern als Ich, als den sich selbst Vorstellenden zu setzen. Man
sieht leicht, dass hier ein unendlicher Cirkel entsteht. Jene Unendlichkeit
muss erschöpft werden. Das geschieht, indem das Ich sich die Aufgabe
selbst, die ganze Unendlichkeit in Einem Begriffe vorstellt. Das Begreifen,
Umfassen der Unendlichkeit wird also durch den Begriff des Ich postulirt,
hat die Wissenschaft dies Postulat erklärt, so ist ihr Problem gelöst" (S. 6).

So bestechend hier die Anklänge an die Wissenschaftslehre auch
sein mögen, so zeigt eine nähere Betrachtung doch einen durchaus eigenthümlichen, von jener abweichenden Gedankengang.

Vor allem würde Herbart's Ausführung sich den Vorwurf Fichte's zu-
gezogen haben, den dieser auch Reinhold und Aenesidemus gemacht
(Fichte's S. W. I. S. 8), dass sie von einer Thatsache, dem „todten Begriff" (ebd. S. 454) des sich selbst Vorstellens, ausgehe, während doch
eine Thathandlung, die Production eines „Lebendigen und Thätigen"
an die Spitze treten müsse. Ferner geschieht es durchaus nicht in Uebereinstimmung mit der Wissenschaftslehre, wenn das reine Ich, — der erste
Grundsatz als Synthesis gefasst wird. Der erste Grundsatz ist bei
Fichte blosse Thesis, und erst nachdem der zweite die Antithesis des
Nicht-Ich aufgestellt, spricht der dritte die Synthesis aus: das Ich setzt
im Ich dem theilbaren Ich ein theilbares Nicht-Ich entgegen (ebd. S. 110,
113, 123 f.). Für die Wissenschaftslehre beginnt die Undenkbarkeit,
deren Lösung das System ergibt, erst bei dem Widerstreit zwischen dem
Ich und Nicht-Ich, der schliesslich durch ein practisches Postulat „nicht
sowohl gelöst, als in die Unendlichkeit hinaus versetzt wird" (ebd. S. 156).
Die Schwierigkeit dagegen, welche Herbart im Ich-Begriff findet, liegt
in der geforderten Identität des Vorstellenden und Vorgestellten und dem
daraus entspringenden unendlichen Cirkel.

Zur verschiedenen Formulirung der Ausgangspunkte kommt die Ver-
schiedenheit des Fortschreitens. Bei Herbart treibt der Grundsatz unmittelbar zum Nachweis, wie aus dem mannigfaltigen, empirischen
Ich das reine Ich hervorgehen könne. Die Wissenschaftslehre **dagegen**

führt zunächst ihre Deductionen bis zum Postulat der productiven Einbildungskraft, und von hier aus erwächst erst die Aufgabe, aus der Wirksamkeit der letzteren und der auf sie ausgeübten Reflexion die Entstehung
des Selbstbewusstseins, des sich selbst vorstellenden Ich zu erklären
(vgl. K. Fischer, Gesch. d. n. Phil. V. S. 538). In Herbart's Ausführung
des Plans, scheint es, würden all' die apriorischen Constructionen, durch
welche die Wissenschaftslehre ihren Gang nimmt, zurückgetreten sein
vor der Hinlenkung auf den empirischen Thatbestand und der Tendenz,
das unmittelbar Gegebene zu erklären.

Tritt so in Bestimmung und Fassung des Grundsatzes, im Plan
der Entwicklung die Differenz mit Fichte[4]) recht kenntlich hervor, so
ist andererseits die Hinlenkung auf das spätere System Herbart's nicht
minder augenfällig. Die Formulirung des Ichproblems und seiner Lösung,
wie sie hier vorliegt, würde durchaus in den Rahmen desselben passen.
Nur in zwei Puncten bekundet sich ein Gegensatz zu Herbart's nach-
maligen Ansichten: in der Forderung eines einzigen Grundsatzes und
der postulirten Umfassung der Unendlichkeit.

Dass Herbart seine entfremdete Stellung zur Wissenschaftslehre
auch selbst mehr und mehr fühlte, zeigen die oben angeführten brief-
lichen Aeusserungen. Im Herbste des Jahres 1796 gelangt er zu einer
entschiedeneren Ausprägung des Gegensatzes und zwar in einer Kritik,
die ihrer ganzen Anlage nach eine Auseinandersetzung mit der Wissenschaftslehre bildet, aber sehr bemerkenswerth nicht gegen Fichte selbst,
sondern gegen dessen neu auftretenden Jünger Schelling gerichtet ist.

Obgleich Herbart nicht versäumte, sich in weiterem Umfange mit
der zeitgenössischen philosophischen Bewegung bekannt zu machen —
neben dem eingehenden Studium Kant's beschäftigen ihn z. B. die
Schriften Jacobi's und Maimon's (vgl. Rel. S. 38) —, concentrirte sich
doch die ganze Intensität seines Denkens auf die Wissenschaftslehre, und
da musste das Auftreten des ersten eifrigen Apostels derselben, des
jugendlichen Schelling, sein Interesse besonders in Anspruch nehmen.
Den 1795 erschienenen philosophischen Erstlingsschriften desselben wendet
er eingehendes Studium zu, und spricht in einem Briefe vom 30. Juli 1796
schon recht angelegentlich über den „Schellingianismus" (Rel. S. 33).

Als erste Frucht dieser Beschäftigungen ist uns eine Skizze unter
dem Titel „Spinoza und Schelling" erhalten (XII. 7 ff.), welche mit feinem
Scharfblick die beiden Philosophen einander gegenüberstellt.[5]) Wie
Spinoza's Lehre die consequenteste Darstellung des Dogmatismus oder
objectiven Realismus, so bildet Schelling's System — ihr offenbares
Gegenstück — eine sehr ausgeführte Darstellung des Idealismus. Spinoza
hatte, um das höchste Bedürfniss jeder Wissenschaft, die Vollendung der
systematischen Form, zu befriedigen, die Eine allumfassende Substanz
gesetzt, welche die ganze Mannigfaltigkeit der Welt als Ein Continuum
und als Ein System darstellt, dabei aber den Fehler begangen, dass man
nicht begreift, wie wir denn zur Erkenntniss dieser Welt, die nur ausser
uns Realität haben soll, gelangt sind. Diese Schwierigkeit vernichtet
Schelling: Jene Erkenntniss selbst ist dies Weltall: unser inneres Ich,
das durch intellectuelle Anschauung seiner selbst sich erzeugt, schafft
auch durch einen freien Act seiner absoluten Allmacht für sich selbst
dies weite Universum. Dies ist aber dann durch Entgegensetzung ein

Nicht-Ich und tritt in Widerspruch und Kampf mit dem Einen absoluten Ich, welches schliesslich durch einen Machtspruch Frieden gebietet, indem es seine Totalität unter beiden theilt (S. 8 u. 9).

Herbart behält sich vor, „dies merkwürdige System künftig genauer in's Auge zu fassen" und erhebt „vorläufig nur die Frage: wie kommt das Ich dazu, durch seine absolute Macht einen Kampf in sich zu begründen, der mehr Spiel als Beschäftigung zu heissen verdient, da er ein selbstgebotener Kampf mit einem selbstgeschaffenen Feinde ist?" und die andere: „wie wird Schelling seine intellectuelle Anschauung von diesem Ich irgend Jemanden mittheilen, wie sie nur sich selbst, sich als Schelling, als Individuum bewähren können?" (S. 9. f.)

Diesen letzten Einwand mochte in der That die erste Darstellung der Wissenschaftslehre, welche noch durchaus vom individuellen Ich ausging, nicht herausfordern; um so entschiedener gilt ihr aber der andere, dass man nicht einsehen könne, wie das Ich dazu komme, ein ihm widerstreitendes Nicht-Ich zu setzen. Dennoch erscheint der Einwurf bei Herbart ganz so, als ob er sich gegen das Specifische der Lehre Schellings richte, und dadurch wird die Annahme nahe gelegt, dass ihm wirklich im complicirten Constructionsapparat der Wissenschaftslehre ihre eigentliche Achillesferse verborgen geblieben sei, die ja eben im Verhältniss von Ich und Nicht-Ich lag. Dass erst durch Schelling seine Aufmerksamkeit in erhöhtem Masse diesem Punct zugelenkt worden sei, scheinen auch die Schlussworte des Aufsatzes anzudeuten: „Eine bessere Vorbereitung zur Wissenschaftslehre kann es übrigens wohl nicht geben, als das Studium des Schelling'schen Systems; mir wenigstens ist dadurch das Bedürfniss einer Synthese zwischen Idealismus und Realismus doppelt dringend und fühlbar geworden."

In solchem Sinne gefasst wirft diese Kundgebung zugleich ein helles Licht auf Herbart's ursprüngliche Stellung zur Wissenschaftslehre. Ihm war dieselbe in der That in erster Reihe „Wissenschaftslehre" d. h. eine Theorie unseres gesammten Wissens und Erkennens, welche die höchsten Anforderungen der Methodik und Systematik zu befriedigen suchte. Nirgends bezeichnet er Fichte's System als Idealismus, sondern scheint gelegentlich auch, wie Fichte es mit Vorliebe that, den Namen Kriticismus auf dasselbe anzuwenden. Kriticismus und Dogmatismus bezeichnen ihm aber in der von Kant eingeführten, von Fichte allerdings wesentlich umgebogenen Fassung methodologische, und nicht, wie Idealismus und Realismus, metaphysische Gegensätze. So beruhte auch das intensive Interesse, welches Herbart an der Wissenschaftslehre nahm, auf ihrer eigenartigen Methodologie und nicht auf der Frage nach dem Ich und den Dingen an sich. Dies wird durchaus erklärlich, ja selbstverständlich auf Grund der oben (S. 5) gemachten Annahme, dass eine strenge logische Schulung, ein intensives Streben nach systematisch zusammenhängender, formal vollendeter Erkenntniss das Apperceptionsorgan bildete, durch welches er die Wissenschaftslehre auffasste. Eine wirksame Apperception derselben war nur insofern möglich, als sie verwandte Seiten darbot, als sie dem vorhandenen Bedürfniss Befriedigung, den drängenden Fragen Lösung verhiess. Freilich sah Herbart sie dann auch nur als eine Antwort auf seine Fragen an.

Dass aber die Wissenschaftslehre noch gar viel anderes und vielleicht auch jene Antworten nicht ganz in der Weise gab, wie Herbart sich sie gedacht, darauf hinzuweisen waren Schellings Schriften sehr geeignet. Es verrathen schon die Titel derselben — „Ueber die Möglichkeit einer Form der Philosophie überhaupt" und „Vom Ich als Princip der Philosophie oder über das Unbedingte im menschlichen Wissen" — einerseits die enge Analogie mit Fichte's beiden grundlegenden Schriften „Ueber den Begriff der Wissenschaftslehre" und „Grundlage der gesammten Wissenschaftslehre", und kennzeichnen andererseits genau dieselben Probleme, die für Herbart's eigenes Philosophiren die fundamentalen Fragen enthielten: nach der Form des Systems überhaupt und nach dem Princip desselben, welches auch Herbart im Ich findet. Seine Uebereinstimmung mit Schelling in der Anlage der Untersuchung spricht er auch geradezu aus (XII. 10 f.) Daher kann ihm die Kritik Schelling's so gut zum doppelten Zweck dienen: einerseits sich mit Fichte auseinanderzusetzen, andererseits die Grundlegung für sein eigenes neues System zu gewinnen.

Beide Gesichtspuncte hat er sich selbst zu klarem Bewusstsein gebracht. Die Kritik der beiden Schriften Schelling's (XII. 10 ff.) wird Fichte übergeben und von diesem mit Anmerkungen versehen, die freilich Herbart wenig befriedigen. Er beklagt sich über die Unaufmerksamkeit Fichte's, der über ihre beiderseitige Differenz „kein erhebliches Wort" sagt. „Gerade darüber", schreibt Herbart, „bedurfte ich der Belehrung am meisten, denn ich halte sie für bedeutend und Fichte's Darstellung der Wissenschaftslehre für unmethodisch und undeutlich" (Rel. S. 39).

Mit gleicher Klarheit und Entschiedenheit spricht er sich über den zweiten Punct aus. Im Schreiben an Smidt, dem er den Aufsatz sammt den beigefügten Noten Fichte's in einer übrigens etwas verspäteten Abschrift Anfang December 1796 zuschickt — so dass die Abfassungszeit mindestens in den October 1796 zu verlegen ist — heisst es: „Dieser Aufsatz ist das beste und ausgeführteste, was ich Dir von meinen philosophischen Versuchen mitzutheilen habe. Dass ich über das Princip der Philosophie, über die vollständige Ansicht und den Gebrauch desselben, über die Methode des Fortschritts im Folgern, und über einige nahe liegende und wichtige Lehrsätze mit mir einig geworden sei, werden Dir die einliegenden Blätter zeigen, und ziemlich bestimmt angeben, was Du von meiner Art zu philosophiren möchtest erwarten können. Nur muss ich Dich um eine etwas anhaltende Aufmerksamkeit und um das günstige Vorurtheil bitten, dass jede einzelne abgebrochene Aeusserung im Ganzen Sinn und Bedeutung haben werde, wenn sie auch für sich allein wenig verspricht. Du wirst viel hinzu denken müssen; denn ich habe mich so kurz als möglich gefasst" (ebd.).

Diese Mahnung ist auch für uns von Bedeutung. Sie versichert uns, dass wir nicht bloss durch Anklänge an das spätere System uns täuschen lassen, wenn wir hier bereits die bewusste Grundlegung desselben erblicken. Die Hauptleistung des Aufsatzes hat aber Herbart selbst in den von mir besonders hervorgehobenen Worten sehr zutreffend gekennzeichnet. Auch hier tritt die methodologisch-formale Seite in den Vordergrund. In dieser Richtung bewegen sich seine ersten Speculationen, in ihr kommen sie zuerst zu einem Abschluss.

Die Frage nach der Möglichkeit einer Form der Philosophie über-

haupt bildet den Ausgangspunct für Herbart wie für Schelling. Vor
allem handelt es sich hier darum, über das Wesen des Princips ins
Klare zu kommen. Da definirt nun Schelling Wissenschaft als „ein
Ganzes, das unter der Form der Einheit steht." und fordert als Gewähr
dieser Einheit, dass alle Theile Einer Bedingung untergeordnet seien.
Gegen jenes bemerkt Herbart, dass auch ein Aggregat von Sätzen die
Form der Einheit haben könne und doch keine Wissenschaft ausmache,
gegen dieses, dass jene letzte Bedingung — „der Grundsatz sich die ab-
geleiteten Sätze nicht bloss unterordnen, sondern sie ganz aus sich her-
vorzubringen suchen solle. Sonst ist jenes Bedürfniss einer systematischen Form nur halb befriedigt" (XII. 11). Auch dass es aus formalen
Gründen Eine Bedingung. bloss Ein Grundsatz sein müsse, gibt er
nicht zu. „Mehrere schlechthin gewisse Sätze können sich auf einander
beziehen, ohne sich in einander zu verlieren" (S. 12). „Warum nicht
mehrere Gründe für Eine Folge? Mehrere Anhängepuncte für Eine
Kette? — Die Logik bedarf zweier Prämissen für Eine Conclusion.
Die Mathematik demonstrirt die Congruenz der Triangel aus drei gleichen
Bestimmungen derselben. — Zu zeigen, dass man dennoch für die
Philosophie eines einzigen Princips bedürfe, dazu ist hier der Ort
nicht; es ist genug, das Mangelhafte in Schelling's Beweisen zu be-
merken" (S. 16). — Also dennoch ein einziges Princip für die
Philosophie!

Das Princip muss seinem Begriffe gemäss einer doppelten Forderung
entsprechen: einmal muss es an sich gewiss sein, und dann das auf
ihm sich aufbauende System gewiss machen, bedingen. „Aber wie wir
Einen alles *bedingenden* Inhalt finden, wie wir den grossen Ueberfluss
des anderen unbedingten Inhalts durch jenen bedingen sollen, das ist
die grosse Frage. Von einem gewissen Satze müsste man ausgehen;
aber wie sollte man ihn wählen? Sollte man aus den vielen an sich
gewissen durch blinde Willkür einen herausgreifen? Träfe man nicht
gerade den rechten, so hätte man nun eine in sich *vollendete abgeschlossene*
Thesis, die allemal das Ende der Speculation ist. Aus ihr kann man
weder rückwärts noch vorwärts, wenn man nicht eine willkürliche Ge-
dankenfolge zusammenreihen will; denn sie *fordert* weder Bedingungen
noch Folgen: und wie kann irgend eine echt philosophische Untersuchung
von einem Princip ausgehen, das nicht in sie hinein *treibt?* Jedes
Princip muss an sich. d. h. ohne das System *gewiss* und dennoch ohne
dasselbe *unmöglich* sein. Aus der Aufklärung dieses Widerspruchs muss
das allgemeine Princip sich ergeben" (S. 14).

Der bestimmte Zielpunct, auf welchen dieser, bereits in einem
früheren Aufsatz (s. oben S. 8) deutlich ausgeprägte Gedankengang
hinsteuert, ist das Ich, das sogenannte reine Ich; denn dieses erfüllt
jene doppelte Forderung. Durch die Erfahrung ist es als ein Gewisses
gegeben; seinem Begriff aber „gehört der des sich selbst Setzens, des
sich selbst Erzeugens wesentlich zu; und eben weil dieser Begriff in
sich widersprechend ist und nur in wiefern er dafür anerkannt wird, ist
es möglich, eine Philosophie von ihm abzuleiten, oder vielmehr an ihn
anzuknüpfen" (S. 25). — Soweit die allgemein methodologischen Aufstellungen, welche für Herbart's Metaphysik auch weiterhin fundamental
geblieben sind (man vgl. die Fragen nach dem Gegebenen und dem

Zusammenhang von Gründen und Folgen III. 5 ff. IV. 17 ff. 30 ff.) Der Widerspruch im Ich, mit dem es die Untersuchung allein zu thun hat, ist auch hier der des sich selbst Setzens, und nicht der zwischen Ich und Nicht-Ich, wenn gleich Herbart, wie schon früher (s. oben S. 10), das grundlose Hervorgehen des Nicht-Ich aus dem Ich auf das Schärfste tadelt (XII. 27).

Welches ist denn nun seine Stellung zu dieser brennenden Frage um Ich und Nicht-Ich, um Idealismus und Realismus? War ihm doch durch das Studium Schellings eine Synthesis beider doppelt dringend geworden. Gleich der erste Satz von Schellings Buch über das Ich zeigt den angehenden Identitätsphilosophen. Dasselbe beginnt mit den Worten: „Wer etwas wissen will, will zugleich, dass sein Wissen Realität habe. Ein Wissen ohne Realität ist kein Wissen", und entwickelt hieraus die Forderung, dass es „einen letzten Punct der Realität", einen „Urgrund aller Realität", einen „Realgrund — alles unseres Wissens" geben müsse. Denn das Letzte im menschlichen Wissen ist für Schelling zugleich Realgrund, „das Princip seines Seins und das Princip seines Erkennens muss zusammenfallen", es ist in Einem absolutes Sein und absolutes Wissen. Auf diesem Weg gelangt Schelling zu seinem absoluten Ich. Da findet es um Herbart „sehr befremdend, wie hier, wo einem Princip des Wissens, d. h. einem *Wissen* schlechthin, von welchem alle Gewissheit ausgehe, nachgeforscht werden sollte" — der Titel von Schelling's Schrift nannte „das Unbedingte im menschlichen Wissen" — „von einer Realität schlechthin, die alles Dasein begründe, die Rede sein könne. Wir alle unterscheiden Sein und Wissen, also auch Sein schlechthin von unmittelbarer Gewissheit; dass ein gewisses (nämlich Fichte's) System kein anderes als ein gewusstes Sein anerkenne, geht uns hier theils noch nichts an, theils *unterscheidet* auch eben diese Philosophie, in wiefern sie Sein und Wissen *verbindet,* selbst diese Begriffe, denn nur verschiedene lassen sich verbinden. Sie dürfen daher nicht gleich anfangs als gleichbedeutend verwechselt werden, vielmehr werden Beweise einen Uebergang von einem zum anderen bahnen müssen" (S. 17). Diesen Uebergang bahnt sich Herbart durch die Formel: „Ich will, dass die Befugniss, mein Wissen auf ein Sein zu beziehen, unmittelbar statthabe, ich will durch einen einzigen Schritt aus dem Gebiete des problematischen Denkens in das Reich des Seins (oder des nothwendigen Denkens) hinübertreten" (S. 18). Jener erste Satz Schelling's hätte zu lauten: „Wer etwas wissen will, will zugleich, dass sein Wissen unwillkürlich und in allen seinen Bestimmungen nothwendig sei: Daher muss wenigstens Ein Gedanke sich unmittelbar aufdringen, und sich so ankündigen, dass aller Verdacht einer willkürlichen Erfindung ohne alles weitere Nachdenken unmöglich werde. Das Gedachte soll dem Versuche, es wegzudenken, Nothwendigkeit und Zwang entgegensetzen" (S. 19).

Man würde indess irren, wenn man meinte, dass Herbart mit diesen Feststellungen schon über den Idealismus der Wissenschaftslehre hinausgekommen wäre. Ganz in derselben Weise, wie es hier geschieht, bestimmt auch sie die Realität und das Kriterium derselben als ein Gefühl des Zwanges, Nicht-könnens, der Nothwendigkeit (Fichte's S. W. I. S. 289, 301, 367, vgl. auch 423, 426). Diese mit dem Gefühl der Nothwendigkeit begleiteten Vorstellungen geben das Ding. Dass ein solches Sein,

nothwendig zu Denkendes auch nur ein „nothwendiges Product unserer
Einbildungskraft" sein könne, gesteht Herbart a. a. O. ausdrücklich zu,
und gegen Fichte's Einwurf, dass es einen Uebertritt aus dem Reich des
Denkens in das Reich des Seins gar nicht gebe, sowie gegen die Be-
schuldigung des Dogmatismus wahrt er sich entschieden. Er spricht in
der That nur von „verschiedenen Reflexionspuncten." Auch andere
Stellen lauten im Sinne einer Uebereinstimmung mit Fichte: „Der Idealismus ist wahr und richtig, nur dann nicht, wenn er polemisch gegen
den Realismus auftritt" (S. 23) — d. h. wohl, er muss aus sich heraus
die relative Berechtigung der realistischen Anschauungsweise entwickeln,
wie ja S. 36 geradezu verwiesen wird auf „die Wissenschaftslehre, wo der
Beweis für die Identität des Idealismus und Realismus allgemein geführt worden," da Fichte — wie es die Anmerkung ausspricht — „den
Idealismus sowohl als den Realismus als auf gewissen Reflexionspuncten
nothwendige Systeme zulasse." Auch hier, wie bereits früher, wehrt
er den Vorwurf des Dogmatismus als durch blossen Missverstand veranlasst, von sich ab. Aber im Sinne Fichte's, der den Dogmatismus nicht
bloss dem Kriticismus, sondern auch dem Idealismus gegenüberstellte
(S. W. I. S. 433) und ihn als diejenige Ansicht erklärte, „die dem Ich
an sich in dem höher sein sollenden Begriffe des Dinges (Ens), etwas
gleich- und entgegensetzt" (ebd. S. 119), ist jeder wahre Realismus
Dogmatismus.

Nun scheinen in dieser Richtung einige Aeusserungen Herbart's
weiter zu führen, durch welche er über den einfachen Begriff der Realität,
des Seins als eines nothwendig zu Setzenden, nicht hinweg zu Denkenden hinausgeht, um mit Schelling noch von einem absoluten Sein zu
sprechen. Dieser musste, bei seiner Identificirung von Wissen und Sein,
dem absoluten Wissen ein absolutes Sein entsprechen, oder richtiger
beide zusammenfallen lassen. „Er verwechselt", erklärt Herbart, „Realität
des Wissens und absolutes Sein (Unbedingtheit des Gedachtwerdens mit
gedachter Unbedingtheit), als ob sie Eins und Dasselbe wären. Die
Unbedingtheit des Setzens soll diejenige des Gesetzten herbeiführen, beide
sollen unzertrennlich verbunden sein, nur Eins ausmachen. Folglich
müssen Setzen und Gesetztes nur Ein unbedingtes — das Ich sein"
(XII 21). Somit kommt dem Ich, dem letzten Wissens- und Seinsprincip,
auch das absolute, reine Sein zu. Aber „die Form des reinen Seins ist
Unbedingtheit und wenn etwas sich selbst bedingt (wie das Ich) so ist
es auch durch sich selbst bedingt, und von einem Bedingtsein ist beim
absoluten Sein gar nicht die Rede," daher kann dieses auch dem sich
selbst setzenden Ich nicht beigelegt werden. Zudem versieht Schelling
sein Ich ganz ebenso, wie es Fichte gethan, mit einer Centrifugal- und
Centripetalkraft. „Allein beim absoluten Sein, welches die voll-
kommenste Einfachheit der Position, das völligste Zureichen des
leisesten Denkens erfordert, kann eine Centrifugalkraft, wie metaphorisch
der Ausdruck auch genommen werden mag, nicht die allerentfernteste
Bedeutung haben. Absolutes Sein ist absolute Ruhe und Stille;
es ist das feierlichste Schweigen über der Spiegelfläche des völlig ruhenden
Meeres; Niemand darf es wagen, diesen Spiegel nur durch die kleinsten
Kreise zu trüben. — Gerade umgekehrt ist das Ich ein ewig aus sich
heraus und in sich zurückarbeitender Strudel. Ruhe wäre der Tod des

Ich, Thätigkeit ist sein einziges Sein" (S. 24). „Von diesem Allen",
bemerkt Fichte, „verstehe ich nur soviel: man hat sich nicht bei dem
Sein des Ich aufzuhalten, daraus wird Nichts; man gehe zu seiner
Thätigkeit — und damit bin ich ganz einverstanden," und Herbart erklärt darauf, er habe in der That nur „Fichte's Behauptung, dass das
durch sich selbst und das sich gleich Sein Formen des Ich seien, beweisen, zugleich aber auch klar machen wollen, dass diese Formen sich
sowohl unter einander, als dem absoluten Sein widersprechen, dass folglich
das Ich seinem *Begriffe* nach *gar nicht sei.*" Denn indem man dem
Ich das absolute Sein ertheilt, sind die widersprechenden Vorstellungs-
arten im Ich, „wie fruchtbar sie auch sonst für die Philosophie sein
würden, für dieselbe so gut wie verloren. Sobald sie den Stempel des
absoluten Seins erhalten haben, sind die Widersprüche in ihnen durch
Machtsprüche vernichtet und die philosophirende Vernunft hat ihr Recht
verloren, ihnen noch etwas zuzusetzen, wodurch sie *erklärbar* würden.
Wer kann denn das absolute Sein noch erklären?" (S. 25.)
   In dem Begriff des absoluten Seins, wie Herbart ihn hier einführt,
finden sich bereits all' die Bestimmungen der Relationslosigkeit,
der Einfachheit und Unveränderlichkeit, durch welche dieser Begriff zu einem Grund- und Eckstein des Herbartischen Realismus geworden
ist, unverkennbar angedeutet. Ist also die Aufstellung desselben nicht
der beste Beweis dafür, dass Herbart die Bahn des Realismus, durch
welchen er seinen Hauptgegensatz gegen die zeitgenössische Philosophie
ausprägen sollte, bereits wirksam betreten habe? In der That fehlt es
unserem Aufsatz auch an anderen Stellen nicht, welche gegenüber den
oben mitgetheilten idealistischen Wendungen eine entschieden realistische
Tendenz bekunden. So erklärt sich Herbart in der Anmerkung auf S. 36
mit Schelling darin einig, dass der „theoretische Idealismus nach Schelling's Erklärung" — und das ist ein solcher, der ein dem Ich Entgegengesetztes überhaupt leugnet, wie es ja bei Fichte thatsächlich der Fall
war — unmöglich sei, weil er dem Bewusstsein geradezu widerspreche.
„Aller Idealismus", lesen wir ferner auf derselben Seite, „muss subjectiver
Realismus sein; denn man muss sich wenigstens zu Einem in jeder Rücksicht absolut, d. h. als Realität (Gesetzten) bekennen, weil man sonst gar
nichts setzt." Das Ich sollte ja aber nicht absolut gesetzt werden —
was also sonst? Gab es für den Anhänger des Fichte'schen „Kriticismus",
der den Realismus nur als einen nothwendigen Standpunct der Reflexion
gelten liess, noch irgend etwas? — Wohl findet sich mehrfach eine Vor-
stellungsweise angedeutet, die auf die spätere Ausgestaltung des Herbartischen Realismus hinweist. Gleich Eingangs der Kritik (S. 16) wird
Schelling entgegengehalten eine „ebenso mannigfaltige Realität des
Wissens als es Mannigfaltigkeit des Wissens gibt." Denn nur ein Missverstand, der das systematische Bedürfniss von der Form auf den Gegenstand übertrage, erlaube nicht, „ein mannigfaltiges ursprüngliches Sein
in Wechselwirkung anzunehmen, ein Sein, das sich gegenseitig äussert,
offenbart, erscheint, wodurch alles Ding an sich von Grund aus zerstört,
und doch die systematische Form erhalten worden wäre" (S. 23). Das
„Ding an sich" d. h. „ein völlig isolirtes Ding" passt nämlich in kein
System (S. 28). Auf Fichte's Einwurf gegen die obige Mannigfaltigkeit
der Realität gesteht aber die Anmerkung zu, dass dieses mannigfaltige

Sein mit Fichte's Wechselwirkung des Endlichen und Unendlichen im
Ich eins und dasselbe sei. Noch bemerkenswerther ist die Ausführung
S. 31 f., dass man „in der Betrachtung über das absolute Sein, in wiefern
es dem Wechsel zu Grunde liegt, unvermeidlich auf den Spinozismus,
oder wenigstens auf sein wichtigstes Dogma, das ἓν καὶ πᾶν komme.
„Diese Behauptung streitet nicht im geringsten gegen 19" — nämlich
die zuvor angeführte Stelle. „Denn ein mannigfaltiges Sein, das aber
nur in seiner Wechselwirkung ein Sein ist, lässt sich nur durch das
absolute Setzen dieser Einen Wechselwirkung als Eine Realität setzen."
     Wo stehen wir also jetzt? Dem Spinozismus — das zeigen alle seine
Kundgebungen — ist Herbart entschieden abhold; also doch wohl auch
dem mannigfaltigen Sein in Wechselwirkung, welches unvermeidlich auf
ihn führen soll? Das isolirte Ding an sich ist auch zurückgewiesen und
ebenso ein einziger Realgrund, denn — heisst es in den hinsichtlich
des Causalproblems wichtigen Bemerkungen auf S. 16 — „jedes Bedingte setzt zwei Bedingungen voraus. (Bedingen heisst aus sich herausgehn; sein was und wo man nicht ist. Dies widerspricht sich, wenn man
nicht herausgelockt wird.) Soll jemals eine absolute Realität Bedingung
werden, d. h. etwas ihr entgegen zu Setzendes hervorbringen, so muss,
damit sie selbst aus sich herausgehn könne, noch ein Drittes hinzu-
kommen, welches, als Substanz das Bedingte als Accidens in sich auf-
nehme. — So führt der Begriff der Causalität auf den der Substantialität."
     Damit scheint denn sowohl die Setzung mannigfaltiger Realitäten —
ob in Wechselwirkung befindlich, oder ob isolirt —, als auch die Setzung
Eines Realen ausgeschlossen. In der That ist es, soviel ich habe sehen
können, nicht möglich, die vorhandenen Andeutungen zu einer bestimmten
widerspruchslosen metaphysischen Ansicht zu combiniren. Immerhin
mögen dieselben genügen, um — wie Herbart gegen Smidt (Rel. 39)
äussert — ziemlich bestimmt anzugeben, was wir von seiner Art zu philosophiren möchten erwarten können. Es drängt ihn aus dem Idealismus
— soviel dürfte aus dem Ganzen hervorgehen — auf das Entschiedenste
heraus. Gegen wesentliche Bestandstücke desselben kehrt sich die
schärfste Polemik, so gegen die Setzung des Nicht-Ich durch das Ich
(S. 27) das absolute Streben (S. 33) u. a. — Mängel des Idealismus,
welche bereits die Skizze über Spinoza und Schelling hervorgezogen hatte.
     So tritt die Negation mit hinreichender Bestimmtheit auf, aber die
Schaffung einer neuen eigenen Position ist erst in den allgemeinen
methodologischen Grundlagen gelungen, während die im engeren Sinn
metaphysischen Probleme, abgesehen von einigen ontologischen Ansätzen,
noch der durchgreifenden Lösung harren.
     Diese Stellung erklärt sich vollständig aus dem bereits (oben S. 10)
geltend gemachten Gesichtspuncte, wonach der philosophische Entwicklungsgang Herbart's während der vorliegenden Periode unter die Formel
fällt: Apperception der Wissenschaftslehre durch das logisch streng
geschulte Denken und das Streben nach einer im rationalistischen Sinne
vollendeten systematischen Erkenntniss, welches Herbart als Frucht seiner
ersten Jugendbildung dem Studium der Wissenschaftslehre entgegenbrachte.
     Es ist leicht begreiflich, wie diese Apperception so kräftig zu
Stande kommen konnte. Denn die Anknüpfungspunkte für ein derartiges
formales Interesse bot die Wissenschaftslehre in vorzüglichem Masse.

Sie ging aus von den höchsten Fragen nach System und Methode und
stellte das Streben nach strengem Wissen und umfassendem Erkennen,
nach einem geschlossenen Ganzen aller unserer Erkenntniss an die Spitze.
Der Gang ihrer Entwicklung schien durch logische Kriterien auf das
Strengste geregelt und gab daher auch Herbart sofort Gelegenheit, einzelne
Schritte der logischen Kritik zu unterwerfen. Ihre allgemeine Methode
der Entwicklung aber bot ein höchst bemerkenswerthes Vorbild. Den
einfachen Grundgedanken alles wissenschaftlichen Fortschritts — der,
wenn fruchtbar, natürlich synthetisch sein musste — sprach sie aus
in den Worten: „Wir müssen bei jedem Satz von der Aufzeigung Entgegengesetzter, welche vereinigt werden sollen, ausgehen" (Fichte's S. W.
I. S. 114). Die Antithesis, der zu lösende Widerspruch, gibt das Recht
und die Nöthigung zur Synthesis. Eine solche Synthesis ist gleich am
Anfang der Wissenschaftslehre erforderlich, um den Gegensatz zwischen
dem Ich und dem Nicht-Ich zu vermitteln, und in gleicher Weise gewinnt
dieselbe alle weiteren Sätze von Antithesen zu Synthesen fortschreitend
(vgl. die allgemeine Aufstellung ebd. S. 123 f.).

Dass Herbart freilich erst spät den „hellen Geist der Wissenschaftslehre durch ihren paradoxen Buchstaben" schimmern sah, dass erst eine
„unendliche Leere" in seinem Kopf entstand, ist bei dem ganz eigenartigen Character derselben natürlich. Allmälig aber mochte er zur
Ueberzeugung kommen, dass das hier eingeschlagene Verfahren seine
alten, liebgewordenen Vorstellungsweisen nicht bei Seite schob, sondern
nur eine wesentliche Ergänzung und Vervollständigung zu denselben bot.
Der oberste Kanon der hergebrachten Logik war der Satz des Widerspruchs. Er bildete zugleich den Massstab aller Nothwendigkeit im
Denken. Die Unmöglichkeit des Gegentheils, so wurde gelehrt, ver-
gewissert uns allein über die apodictische Giltigkeit eines Urtheils.
Machte nun Fichte nicht ganz von demselben Princip Gebrauch? War
es nicht die höchste Vollendung der logischen Form, wenn es gelang,
durchweg von unmöglichen Sätzen auszugehen, um aus ihnen mit Nothwendigkeit ihr Gegentheil zu entwickeln? Und hiezu gerade schien durch
Fichte's Untersuchungen die Aussicht eröffnet. Die in den ersten Grund-
sätzen über das Ich vorhandenen Widersprüche, die, da sie unmittelbar
dem Bewusstsein sich aufdrängen, nicht einfach negirt werden können,
mussten zur Erzeugung einer Wissenschaft führen, die den obigen Ansprüchen genügte.

Der neugewonnene Gesichtspunkt gab auch unmittelbar eine Lösung
an die Hand für die berühmte Frage der Vernunftkritik. Als Kriterium
des a priori war erforderlich der Character der Nothwendigkeit; hier fand
er sich für die synthetischen Urtheile unmittelbar in Uebereinstimmung
mit den Forderungen der Schullogik.

So nahm diese ihren altgewohnten Platz ein, bot aber nun erst, in
Verbindung mit dem Fichte'schen Ich, die Möglichkeit, eine wahrhaft
inhaltliche rationalistische Philosophie zu erzeugen. Die beiden Factoren,
die anfangs ganz unverträglich geschienen hatten, versprachen nun in
ihrer Vereinigung reichen Gewinn und mussten daher gegenseitig einer
des anderen Position befestigen. Die hervorragende Werthschätzung,
welche Herbart bisher der Logik zugewandt hatte, übertrug sich auf die
neue Coalition und es ist begreiflich, wie sein auf beharrliches Festhalten

angelegtes Denken fernerhin nicht mehr von der mit so grosser Intensität des Suchens aufgefundenen Richtung abwich.

Auf diesem Wege ergibt sich uns auch unmittelbar die Erklärung dafür, dass es bei Herbart so bald zu einer Reaction gegen die Wissenschaftslehre kam. Dasselbe Moment, welches ihn derselben zugeführt hatte, musste ihn bei tieferem Eindringen von ihr trennen, denn sie war aus andern Bedürfnissen und Tendenzen erwachsen, als wie sie Herbart zur Philosophie drängten. Im Practischen lag, wie der Zielpunct, so auch das Motiv der Wissenschaftslehre. Die Philosophie ist für Fichte eine Sache des Characters, des Willens, sie wird erzeugt durch das Bewusstsein der eigenen Freiheit.[*]) Der Idealismus, die Selbstthätigkeit des Ich ist ihm das erste, und der Philosophie fällt die Aufgabe zu, dieselbe wissenschaftlich zu erweisen. Das dazu erforderliche methodologische Gerüst, in welchem Herbart die Hauptsache sah, ist für ihn nur ein Aussenwerk des Systems. Dem Gefühle der menschlichen Freiheit und Selbständigkeit entsprungen, und bestimmt, diesem Gefühle Ausdruck zu geben, kann die Philosophie Fichte's nicht mit todten Begriffen operiren, „sondern es ist ein Lebendiges, ein Thätiges, das aus sich selbst Erkenntnisse erzeugt, und welchem der Philosoph bloss zusieht" (ebd. S. 454). Daher die Thathandlungen, die bei ihm an Stelle der Thatsachen treten, daher der psychologische Character aller Setzungen, Entgegensetzungen und Vereinigungen, welche den Fortschritt der Wissenschaftslehre leiten und durch den Schein strenger Methode Herbart wohl für's Erste blenden, aber auf die Dauer sein logisches Bedürfniss nicht befriedigen konnten. Nicht durch streng logische Arbeit suchte man da die Widersprüche zu überwinden, sondern durch „Machtsprüche der Vernunft" (z. B. ebd. S. 106), die mit einer selbstthätigen Willkür, wie sie der Logik völlig fremd ist, im Bereiche des Denkens schalteten. Was Wunder, dass auf diese Weise die Wissenschaftslehre alle logischen Widersprüche im Ich bestehen liess, und durch die vielen in dasselbe gesetzte Handlungen nur noch häufte.

Gleichwohl hatte Fichte die methodologische formale Seite seines Systems mit einer Strenge und dialectischen Virtuosität ausgebildet, die einem logischen Kopfe wie Herbart höchlich imponiren mussten und die wahren Mängel nicht so leicht hervortreten liessen. Die Untersuchung hob von genau bestimmtem Einzelnen an, und erklomm in knapp gemessenem Schritt Stufe um Stufe des Systems. „Fichte hat mich hauptsächlich durch seine Irrthümer belehrt" schreibt Herbart im Jahre 1822 (VII. 152); „und das vermochte er, weil er in vorzüglichem Grade das Streben nach Genauigkeit in der Untersuchung besass."

Von hier aus verstehen wir, wie erst Schelling, dessen erste Schriften inhaltlich Fichte so verwandt waren, dass sie dieser Commentare zu den seinigen nennen konnte, Herbart in entschiedenern Gegensatz zur Wissenschaftslehre drängte, denn bei Schelling traten ihm die Hauptlehren derselben ohne die faltenreiche Hülle einer ins Feinste gesponnenen Methode entgegen. In einer spätern Kundgebung hat er selbst den bezeichnenden Punct treffend hervorgehoben: „Herrn Schellings erstes literarisches Auftreten, wenigstens im philosophischen Fache, fiel gerade in meine Universitätsjahre. Mein Lehrer Fichte machte aufmerksam auf die neue Erscheinung; und er hob sie höher, als es meinem Gefühl zusagen

wollte. Fichte gewann mich — nicht durch das, was ihn mit Schelling
vergleichbar macht — sondern durch das, was ihn von jenem unterscheidet, durch wahre speculative Kraft; durch die feinsten Versuche, der
schwierigsten metaphysischen *Begriffe* im *Denken* mächtig zu werden. In
Herrn Schelling's Schriften, in den frühesten so wenig als in den späteren,
habe ich etwas angetroffen, das ich Speculation nennen könnte" (XII. 189).
Das, nicht in streng methodischem Gang deducirte, sondern — nach
Hegel's bezeichnendem Ausdruck — wie aus der Pistole geschossene
Absolute Schelling's drängte unmittelbar zur schärfsten Opposition. Die
einmal geweckte Kritik griff immer weiter, und mehr und mehr musste
Herbart zur Einsicht kommen, dass die anfänglich bloss gegen Schelling
gerichtete Polemik ebenso auch Fichte traf.

Die Divergenz beider erklärt sich vollends aus dem Umstande, dass
Herbart das practische Bedürfniss Fichte's wie es sich im Freiheits-
streben aussprach, so gar nicht theilte. Dies sprechen schon seine ersten
skeptischen Ausserungen wider die Wissenschaftslehre aus. „Besonders
sind mir gegen Fichte's Lehre von der Freiheit sehr grosse Zweifel auf-
gestiegen" heisst es im Brief vom 30. Juli (Rel. S. 33, ähnliche Ausserungen S. 38, 40), und in bemerkenswerthem Zusammenhange — Herbart
spricht sich über einen jüngeren Commilitonen aus, der ihm zu Rath
und Leitung anvertraut war — am 10. December 1796: „Ich wenigstens
bin sehr bescheiden in meinen Zumuthungen an die Freiheit des Menschen,
und indem ich diese der Schelling'schen Philosophie, allenfalls auch
Fichte überlasse, suche ich lieber einen Menschen nach seinen Vernunft-
und Naturgesetzen zu determiniren, und ihm zu geben, was ihn in den
Stand setzen kann, sich selbst zu etwas zu machen. Du siehst wohl,
dass ich ein arger Ketzer bin" (ebd. S. 41). In der That musste es
damals als arge Ketzerei erscheinen, wider die Freiheitslehre Opposition
zu machen, die in Kant's Autorität eine mächtige Stütze hatte und die
Gemüther wie kaum eine zweite Idee beherrschte. Sie war eine wesentlich treibende Kraft der Strömung, in deren Mitte Herbart getreten war
— und der zwanzigjährige Jüngling widerstand. Die mitgetheilten Proben
seines damaligen Philosophirens gestatten kaum die Annahme, dass bereits durchgebildete metaphysische Ueberlegungen ihm den Anhalt zum
Zweifel an der Willensfreiheit gaben. Der wesentliche Anlass zu demselben ergab sich wohl in dem Zusammenhange, den die eben vorgeführte
Stelle andeutete, aus einer unmittelbaren Würdigung des practischen
Lebens und seiner Anforderungen, worin sich mehr als in allen metaphysischen Versuchen die frühe Geistesreife und ein wahrhaft selbständiges
Urtheilen Herbart's bekunden dürfte.*)

Dabei offenbart sich diejenige Seite seiner Individualität, welche,
als ein Hauptfactor seines Philosophirens hier noch hervorzuheben ist:
ein klarer, scharfer Blick für die Wirklichkeit und die realen Mächte
des Lebens, eine tiefgewurzelte Achtung vor den Ansprüchen des unmittelbaren Bewusstseins. Hier lag der Ausgangs- und Stützpunct für
Herbart's Reaction wider den Idealismus.*) Er mochte den Glauben an
die selbständigen Dinge nicht aufgeben, und war durch seine ganze
Sinnesart zum Dogmatiker — nach Fichte's Terminologie — bestimmt.
Nur galt es diesem Glauben auch einen wissenschaftlich verfechtbaren
Ausdruck zu verleihen; denn Kant's Versuch, durch Widerlegung des Idea-

2 *

lismus die Philosophie von einem „Skandal" zu befreien, war gänzlich missglückt, und dieser erhob bei Fichte nur desto kühner das Haupt. Ihm gegenüber konnte man nichts anderes thun, als jenem auch von Fichte sehr wohl gekannten Gefühl des Zwanges, der Nothwendigkeit in Wahrheit Rechnung tragen, und seine Ansprüche, gehörig formulirt, vor das Forum der wissenschaftlichen Untersuchung bringen. So tritt als neue gleichberechtigte Instanz neben die logische Denknothwendigkeit, diese zweite Nothwendigkeit, die im erfahrungsmässig Gegebenen sich aufdrängt, — ein Gedanke, den der von Herbart später mit Vorliebe geübte Hinweis auf Denken und Erfahrung als die Grundpfeiler seiner Metaphysik zum Ausdruck bringt. Denn die Hauptleistung der Erfahrung für die Begründung seiner Metaphysik ist doch nur die, dass ihr „Gegebenes" auf ein Reich selbständigen Seins zurückweist.

Bei diesen einfachen Bestimmungen über Realität und deren Kriterien, die aus einem verständnissvollen, philosophisch geübten Erfassen der Wirklichkeit fliessen mochten, bleibt aber Herbart nicht stehen, sondern spricht gleich seinem Gegner Schelling in gehobenem Tone von einem absoluten Sein, dasselbe mit Prädicaten ausstattend, die keineswegs aus derselben Quelle ableitbar sind, wie jene realistischen Ansätze. Sehen wir uns nach einer solchen um für dieses einfache, relationslose, unveränderliche Sein, so finden wir sie nach Herbart's eigenem Ausspruch („keine philosophische Schule, ausgenommen die der Eleaten, hat etwas gelehrt vom reinen Sein" S. W. IV. S. 140) nur im Sein der Eleaten. Dass er mit denselben noch vor der Recensirung der Schelling'schen Schriften bekannt geworden war[10]), und einen „gewaltigen Eindruck" von ihnen empfangen hatte, wissen wir aus seinen eigenen Mittheilungen (Kl. Schr. I. S. XXXII), und sind somit durchaus berechtigt, ihren Einfluss in jenen Aufstellungen über das absolute Sein wirksam zu sehen. Sonst müssten wir dieselben schon aus immanenter Entwicklung Herbart's — und das würde hier soviel heissen als gar nicht — erklären.

Dagegen haben wir wohl in den Bemerkungen über Begründen und Folgern, mit denen Herbart der Forderung Eines Princips entgegentritt, und in den sich anschliessenden Ansichten über Causalität ein Product seines eigenen logischen Scharfblicks und seines Strebens nach exacter Auffassung des Thatsächlichen anzuerkennen. Die sorgfältige Genauigkeit, mit der er sich hier an den Daten der Logik und der Specialwissenschaft orientirt, ist characteristisch gegenüber den Gedankensprüngen, durch welche sich andere Philosophen mit so gutem Anschein auf den Standpunct des Einen Princips versetzt hatten, und bildet einen wesentlichen Zug der Herbartischen Speculation, der auch in der Genesis derselben wirksam hervortritt.

Mit den Aufstellungen über Princip und Methode der Philosophie, mit dem Streben nach einer realistischen Weltauffassung hatte Herbart den Eingang zu einem neuen metaphysischen System gefunden, — einen Eingang so eigenartig, dass er von den historisch gegebenen, und den zeitgenössischen Systemen über den weiteren Fortschritt kaum wesentliche Aufklärung erwarten durfte. „Er war von nun an", bemerkt Hartenstein (ebd. S. XXIX) zutreffend, „lediglich auf sich selbst zurückgewiesen; der Consequenz des eigenen Denkens musste er überlassen, was sich ihm irgend als philosophische Wahrheit darstellen sollte. Er musste selbst

zu *entdecken,* sich seine eigene Bahn zu brechen suchen." Um so
schwerer lastete das gestellte Problem auf ihm, das zur Lösung trieb,
deren Möglichkeit gleichwohl noch gar nicht abzusehen war. „Ich bin
sehr ernsthaft geworden", schreibt er am 28. März 1797, „und ich suche
umsonst nach einer Aussicht, wohin ich meinen Blick zuversichtlich
wenden könnte. Ich bin mir selbst zuvorgeeilt" (Rel. S. 49). Etwas
später entwirft er folgende Schilderung seines Zustandes: „In Jena war
ich in der letzten Zeit zu träge oder zu dumm, meine Wissenschaftslehre
förmlich und ordentlich fortzuführen, zu stolz, um andere Beschäftigungen
an ihre Stelle zu setzen, zu arm an Mannigfaltigkeit der äusseren Verhältnisse, um im Leben das Bedürfniss eines sichern, ganz geprüften,
aller Wege kundigen Führers — so etwas soll doch wohl ein philosophisches System sein, — tief genug zu fühlen" (ebd. S. 50).
    In solcher Lage musste ihm der Antrag, die Erzieherstelle in dem
behäbigen Berner Patricierhause des Landvogts v. Steiger zu übernehmen,
willkommen sein. Am 25. März 1797 reiste er von Jena nach der
Schweiz ab. In der That sollte der Wechsel in der äusseren Lebens-
stellung auch für seine philosophische Entwicklung von Bedeutung werden,
so dass auch diese von hier an in ein neues Stadium tritt.

III. Erzieherwirksamkeit.

Die psychologische Richtung.   Auflösung des Ich-Problems und Grundlegung der Psychologie.

Der wohlthätige Einfluss, den der neue Lebenskreis auf Herbart
ausübte, gibt sich gleich in dem ersten Brief, den wir aus der Zeit
seines Schweizer Aufenthalts besitzen, zu erkennen. Eine Arbeit, die
sein „ganzes Wollen umfasst, es zugleich in Portionen theilt und diese
an die Zahl der Glockenschläge bestimmt uud fest anheftet" (Rel. S. 50)
erhält seine Geisteskraft in frischer Spannung und schärft den Blick für
die Aufgaben und Anforderungen der Wirklichkeit. Gleichzeitig fesselt
ihn eine reiche Umgebung, von der er rühmen kann, dass man „mehr
Fülle von Naturgrösse und Naturschönheit, mehr Anstrengung und Thätigkeit der Menschen" wohl nicht leicht finde (ebd. S. 51). Gewiss ist die
Kräftigung, welche Herbart's Sinn für das Thatsächliche aus solchen
Einwirkungen erfahren musste, auch für seine philosophischen Ueberzeugungen belangreich geworden.
    Doch der Einfluss der neuen Lebensstellung auf seinen Entwicklungs-
gang reicht viel weiter. Der Tendenz Herbart's zur Abschliessung, zur
Isolirung in seinem Denken musste sie den wirksamsten Vorschub leisten.
Im frisch pulsirenden Strom des Universitätslebens war eine Beeinflussung
durch fremde Ansichten leichter möglich gewesen und der Student
mochte sich eher noch als Schüler für dieselben empfänglich fühlen, als
der in selbständiger Berufsübung stehende Erzieher. Herbart war auch
ganz der Mann dazu, in einem Alter, wo Andere noch auf vorwiegend
receptive Thätigkeit angewiesen sind, mit diesem Streben nach Selbständigkeit vollen Ernst zu machen. Dies bekundet auf das Deutlichste
die durchaus eigenartige Weise, wie er auf Grund selbständiger Ueber-

legungen das Erziehungsgeschäft in Angriff nimmt. Die interessanten Belege hierfür sind uns erhalten in den Mittheilungen an Herrn v. Steiger (XI. 1 ff.). Es findet sich in denselben die Lehre vom erziehenden Unterricht, welcher Herbart seine hohe reformatorische Bedeutung für die Pädagogik verdankt, in einer Reihe grundlegender Ideen vorbereitet, die mir in weit höherem Masse als die gleichzeitigen philosophischen Versuche ein glänzendes Zeugniss abzulegen scheinen für Herbart's so früh hervortretende Befähigung, das Wirkliche mit Umsicht und Scharfblick aufzufassen und in einem klaren, wohlgeordneten Denken zu verarbeiten. Hier handelte es sich nicht bloss um Fortbildung überkommener Gedanken, sondern es galt, durch eigene Beobachtung und Reflexion die neuen Wege zu bahnen, die weitab von der „alten gewöhnlichen Heerstrasse" und ihren „ausgefahrenen Gleisen" (S. 31) führten.

Vor allen Dingen sehen wir Herbart bemüht, über den Geisteszustand seiner Zöglinge in's Klare zu kommen, und mit feinem psychologischen Blick dringt er in die Individualität des Einzelnen ein, wonach dann Unterrichtsfächer und Methode für Jeden anders gewählt werden. Was ihnen zweckmässig, was nachtheilig sei, „sucht er, um nicht auf ihre Kosten zu lernen, durch seine Berechnungen vorauszusehen" (ebd. S. 33). Als leitenden Gedanken seiner Bemühungen spricht er aus: „ Der Zweck der Erziehung ist, die Kinder dem Spiele des Zufalls zu entreissen. Der Erziehung gibt also die Zuverlässigkeit ihres Plans ihren Werth, immer muss sie ihren Erfolg, wo nicht mit Gewissheit, doch mit hoher Wahrscheinlichkeit vorhersehen; gibt sie sich ohne die äusserste Noth blossen Möglichkeiten preis, so hört sie auf Erziehung zu sein." Und bei solch' allgemeinen Ueberlegungen hatte er es nicht bewenden lassen. „Ich hatte", fährt er fort, „einen Plan entworfen, den ich für so sicher als möglich hielt, und der, wenn er zwei Jahre auf's strengste beobachtet wurde, eine dauerhafte Wirkung versprach." (S. 27).

Für solche Bestrebungen und Anschauungen bot nun freilich der Idealismus Fichte's ganz und gar keinen Platz [11]), und immer mehr musste Herbart zur unerschütterlichen Ueberzeugung gelangen, dass es nothwendig sei, aus den Vorstellungsweisen desselben völlig herauszutreten. An Stelle der Freiheitslehre, die dort das Werk der Philosophie krönen sollte, musste er, seinen Erfahrungen und Tendenzen gemäss, einen Determinismus setzen, der durch causalen Zusammenhang und strenge Gesetzmässigkeit des psychischen Geschehens auch eine planmässige Einwirkung auf dieses gestattete. Nur galt es, dieser Gesetzmässigkeit auch auf die Spur zu kommen, um sie für die Zwecke der Erziehung verwenden zu können. Wir dürfen wohl annehmen, dass in Verfolgung dieses Weges, unter unmittelbarer Anlehnung an die Daten der Erfahrung, Herbart einen guten Theil der psychologischen Ueberlegungen gewann, durch welche er für Deutschland der Begründer einer wissenschaftlichen Psychologie geworden ist. Gleichzeitig war ihm aber der Eingang in die Psychologie auch von Seiten des allgemeinen philosophischen Problems, das er sich gestellt hatte, zubereitet und es war gewiss von Belang für die Förderung seiner philosophischen Bestrebungen und deren besondere Gestaltung, dass die Anforderungen der practischen Wirksamkeit und die Antriebe der Speculation auf ein und denselben Punct der Untersuchung hinführten.

Das speculative Interesse freilich an den höchsten Fragen der Philosophie nahm, wenn es auch seine übermächtige Herrschaft vor den practischen Aufgaben etwas hatte beschränken müssen, immer noch die centrale Stellung im Gedankenkreise Herbart's ein. „Weder vor der grossen Natur", schreibt er am 28. Jan. 1798 (Rel. S. 56), noch vor der Arbeit, die ich hier gefunden habe, kann in mir das Bedürfniss derjenigen Philosophie verstummen, die ich suchte, und zu der ich den Eingang gefunden zu haben glaube." Von dem Anblick des Schönen und Erhabenen in der Natur, von der Pflicht, mit Lehre und Empfindung in die Tiefe menschlicher Herzen einzudringen, fühlt er sich „gewaltiger hingerissen gegen die unbekannte Einheit ausser mir, die alles das zusammenhält und belebt, und die unbekannte in mir und anderen, die es im Bilde zusammenfasst und dem Bilde selbst Sinn und Bedeutung gibt." Die Idee der Wissenschaftlehre drängt sich ihm allenthalben wieder auf, und Fichte's bisherige Ausführungen scheinen ihm nur durch den Contrast das Ideal zu erheben. Aber die Ausgestaltung desselben nach seinem eigenen Bedürfniss wird ihm auch jetzt noch keineswegs leicht. In einem einzigen Brief begegnen wir der gehobenen Stimmung äusserst angestrengten, jedoch auch gelingenden Schaffens (Ende Febr. 1798, Rel. S. 49), und noch am 4. Sept. 1799 kann er von dem Nachmittag, an dem er denselben schrieb, sprechen als von dem „einzig hellen Stern", der ihm aus der weiten öden Finsterniss jener Zeit" glänze (ebd. S. 91). Es raubte ihm oft Ein Gedanke, äussert er im Sommer 1798 in einem Bericht an H. v. Steiger[12]), das Bewusstsein aller seiner anderen Verhältnisse, „leider mehr durch das Streben ihn zu ergründen, als durch seine Lebhaftigkeit" (XI. 37), um im Herbst darauf zu erklären, er glaube zwar die grössten Schwierigkeiten der vor ihm liegenden Arbeiten überwunden zu haben, müsse aber durch dieselben ganz durchdringen, um zur völligen Ruhe und Besinnung zu kommen (XI. 27). Dass er die Empfindung heiterer Seelenruhe, den ungetrübten Reiz des Denkens „in den letzten beiden Jahren oft gesucht und vermisst" habe, klagt er im Brief an Muhrbeck vom 28. October 1798 (Ungedr. Br. S 8), der überhaupt für die Kenntniss seines inneren Lebens eines der interessantesten Zeugnisse bildet. Gleichwohl ist er um diese Zeit in seinen philosophischen Arbeiten bereits soweit gediehen, dass sich mehr und mehr der Gedanke an eine philosophische Berufswirksamkeit bei ihm festsetzt. In einem Brief an seine Eltern vom letzten Juni 1798 verbreitet er sich ausführlich über seine Lebenspläne: „Mein jetziger Reichthum besteht in einigen Ueberzeugungen, die den Keim vieler folgenden zu enthalten scheinen. Jetzt erhebt mich eine innere Gewissheit über die Systeme unserer Zeit, das Fichte'sche so wenig, als das Kant'sche ausgenommen; sollte ich auch irren, so halte ich es doch für ein grosses Glück, ohne Führer und ohne Furcht ein eigenes Feld durchwandern zu können, das sich bei jedem Schritt zu erweitern scheint" (Rel. S. 63). „Eine Versorgung glaube ich in einer philosophischen Professur zu finden. Fichte's wiederholte Zeugnisse und wohl mehr noch die Proben, die ich mir selbst abgelegt habe, scheinen mich zu versichern, dass, wenn mir irgend etwas gelingen könne, es die Speculation sei. Befriedigen mit dem, was unsere berühmten Männer geleistet haben, kann ich mich unmöglich; selbst die Richtungen, die sie nehmen, entfernen sich weit von dem Wege, der ziemlich bestimmt

vorgezeichnet, als derjenige vor mir daliegt, auf dem man sich zunächst
versuchen sollte" (ebd. S. 69).

Nähern Aufschluss über diese Richtung und Herbart's Fortschritt in
derselben gibt ein Aufsatz, der, unter dem Titel „Erster problematischer
Entwurf der Wissenschaft," Ende August 1798 in dem Badeorte Engisstein
bei Bern niedergeschrieben, sammt den kurze Zeit darauf hinzu gekommenen
Anmerkungen (XII. 38 ff. vgl. Vorr. S. XI.) für die Entwicklungsgeschichte
der Herbartischen Methaphysik ein sehr werthvolles Belegstück bildet.
Während sich einerseits der Zusammenhang mit Fichte auf das Kenntlichste
verfolgen lässt, sind andererseits eigenthümliche Gedankengänge der Herbartischen Philosophie bereits zu vollständiger Ausprägung gelangt. Letz-
teres zeigt am besten ein Vergleich mit §§. 24 ff. der „Psychologie als
Wissenschaft" (V. 267 ff.), wo ganz in derselben Weise, wie in jenem ersten
Entwurf, das widerspruchsvolle Ich entwickelt und die Auflösung der Widersprüche vorbereitet wird. Auf die Beziehungen zu Fichte wird noch näher
einzugehen sein, zuvor aber haben wir den wesentlichen Inhalt des Entwurfes
selbst darzulegen.

Es ist bezeichnend für die strenge Continuität in der Entwicklung
Herbart's, dass der Faden der Untersuchung genau da aufgenommen wird,
wo ihn die Kritik der Schelling'schen Schriften hatte liegen lassen. Der
Widerspruch im Ich, der dort schon als Ausgangspunkt der Philosophie
aufgestellt wurde (s. oben S. 17), der Begriff des sich selbst Setzens,
sich selbst Vorstellens, und der unendliche Cirkel, zu dem dieser Begriff
führt, soll denkbar gemacht werden.

Dass alle sonstigen Bestimmungen dem Ich-Begriff zufällig sind und
die Definition desselben als des „Sich-Selbst-Vorstellens" die allein adäquate
ist, wird besonders deutlich in der ersten Anmerkung (XII. 48 f.) auf Grund
einer Analyse des erfahrungsmässig Gegebenen entwickelt. Damit wird
nun allerdings der Begriff Ich „einer der höchsten Allgemeinbegriffe, unter
dem unzählige Wesen subsumirt werden können" und Herbart gibt auch sofort an, wie derselbe gewonnen sein mag: „Durch eine Abstraction ist
der Begriff des Denkens zu Stande gekommen (welche den innern und nicht
durch die gegenwärtigen Empfindungen veranlassten Gedankenwechsel bezeichnet); mit ihm durch Identität des Seins verbunden war ein Wollen,
Empfinden, ein Leib u. s. w., welches zusammen, sofern das Denken ihm an-
gehört, das Denkende als ausmacht; durch Subsumtion des Denkenden unter
das Denken entsteht das Sich-Denken oder das Ich" (S. 49). Das so gewonnene Ich wächst auf doppelte Weise in's Unendliche: einerseits indem
das Denken desselben wieder einem neuen Denken subsumirt werden kann,
andererseits indem die neu erworbenen Vorstellungen ihm (gleichsam nach
der Breite) immer weitere Bestimmungen hinzufügen. „Alles dies Wachsen",
meint aber Herbart, „scheint der Wissenschaftslehre im strengen Sinn nicht
zuzugehören. Unser jetziges Problem ist gelöst, da, wo das Denkende unter
das Denken subsumirt wird" (S. 50). Diese Bemerkungen — besonders die
letzten Worte — zeigen auf das Bestimmteste, dass Herbart klar einsieht,
um welche Frage es sich bei Auflösung seines Ich-Problems handelt: nämlich um eine psychologische Erklärung der Thatsache des Selbstbewusstseins. Als Resultat der Untersuchung „findet sich nachher, dass
dieses letzte Object der Vorstellung Ich die zusammenbleibende Masse der
Erinnerungen, Bestrebungen und Gefühle (nebst dem Leibe) also die Materie

des Gedankenwechsels ist" (S. 51). Diese Masse ist nie in gleichförmiger Intension gegenwärtig, aber durchgängig verknüpft und der Wechsel desselben bildet dasjenige, was in dem vorgestellten Mich enthalten ist. Nachdem wir uns so durch Herbart selbst den Plan der Untersuchung haben aufzeigen lassen, wird es nicht schwer halten, dem Gedankengang seines Entwurfes zu folgen.

„Der Begriff Ich setzt etwas Anderes voraus, womit jene Thätigkeit (des Vorstellens, Setzens) vereinigt sei, aber in der Vereinigung selbst muss es doch noch als Nicht-Ich von ihm unterschieden werden; soll er von dem bestimmten mit ihm verbundenen Anderen unterschieden werden und *doch noch Sinn behalten*, so wird er insofern mit einem neuen Anderen vereinigt gedacht. Er stützt sich also auf ein *mannigfaltiges* Nicht-Ich; jedes einzelne Bestimmte wird ihm zufällig durch die übrigen (ich setze mancherlei Gefühle und Vorstellungen, von denen jede durch die übrigen ersetzt werden könnte) (S. 38 f.) Hiemit ist der Grundgedanke, der zum erwünschten Ziele führt, die wechselseitige Ausschliessung eines mannigfaltigen Vorstellungsinhalts, ausgesprochen, und es handelt sich nun nur darum, für denselben eine methodische Ableitung aus dem Process der Vorstellungsbildung zu finden.

Bei diesem Unternehmen folgt Herbart unverkennbar dem Vorgang der Wissenschaftslehre. Das zeigen gleich die einzelnen Stufen, welche er im Process der Vorstellungsbildung unterscheidet: „1.) Mehrere Vereinigungen der Reflexion mit mehreren Anderen; 2.) das Setzen dieser Vereinigungen; 3.) das Gleichsetzen jenes Setzens oder jener Reflexion mit dem Einen Vereinigten." (S. 39.) Die Anmerkung auf S. 52 bezeichnet den letzten Punct klarer als „Setzen des Empfindens." Es scheint hiebei unmittelbar die von Fichte in der „Deduction der Vorstellung" (S. W. I. S. 227 ff. vgl. S 234 und im „Grundriss des Eigenthümlichen der Wissenschaftslehre" §. 2. S. 335 ff) entwickelte Stufenfolge vorbildlich gewesen zu sein. Die nähere Ausführung dieser Puncte bekundet dann freilich eine eigenartige, von Fichte wesentlich abweichende Auffassung. Dass in der „Vereinigung mit mehreren Anderen" diese Anderen auch blosse Vorstellungen sein könnten, weist Herbart ausdrücklich zurück. „Die besonderen Bestimmungen derselben wären doch dem Ich fremdartig und dieses Andere soll eben durch die Vereinigung erst in dasselbe gebracht werden." Bemerkenswerth ist die Beifügung: „Doch über den Idealismus s. die Widerlegung Schellings." Und auch das Vereinigen mit den Anderen darf nicht irgendwie als ein selbständiger Act der Ichheit aufgefasst werden; es ist „nicht das Setzen selbst. Für sich selbst ist es gar Nichts; nur insofern es jedem Einzelnen zufällig gesetzt werden kann, mag man es Tendenz zur Vereinigung nennen. (Eine Thätigkeit, die ohne das Andere wirklich etwas thun würde -- sinnloser Gedanke!)" Immerhin mag man jene Tendenz zur Vereinigung als „eine gleichartige Tkätigkeit" ansehen, „der aber weil sie ein *mehreres* Thun in sich fasst, Intensität zugeschrieben werden muss, wenn man das ein Thun nennen darf, was eben so gut Leiden heissen könnte, da es Nichts ausdrückt, als die *Möglichkeit* im Ich, mit einem mannigfaltigen Nicht-Ich verbunden zu sein" (S. 39 f.) Hier ist nun, das sehen wir entschieden, mit dem selbständigen realen Nicht-Ich gegenüber dem Ich voller Ernst gemacht.

Aus den so gewonnenen grundlegenden Bestimmungen ergeben sich zunächst folgende Consequenzen: „Das Ich ist nur Eine Thätigkeit; Ein Thätiges *thut* auch nur Eins; die mehreren Vorstellungen sind Ein Gesetztes. Dennoch soll die Bestimmtheit derselben sich keineswegs verwirren." So denken wir das „Ich zugleich als Eins und als Mehreres. Vielheit in Einheit ist Grösse. Abstrahiren wir vom Mannigfaltigen, vom Stoff, so wird die Grösse *leere Form*. Das Mannigfaltige hat darin Continuität; ist nicht *in* einander, aber *an* einander" (S. 40). Hier tritt nun die Schwierigkeit ein, „dass der Begriff Ich die Identität mit dem Anderen zugleich fordert und ausschliesst." (S.52.) Die einzelnen Gefühlten müssen dem Ich zufällig, d. h. „verbunden und auch nicht verbunden gesetzt werden. Bisher haben wir nur die Verbindung angenommen; „soll das Ich die Nicht-Verbindung hinzu*dichten? — durch eigenen Zwang sich nothwendig machen?" Da wäre die zwingende Kraft Nicht-Ich; das Ich würde des aufgezwungenen „Truges inne und hörte auf, Sich zu setzen, folglich ein Ich zu sein, folglich überhaupt zu sein." Soll Verbindung und Nicht-Verbindung stattfinden, so muss die eine aufhören, die andere folgen; — das Ich also dauern. „Die vereinigte Tendenz geht aus einer Vereinigung über in die andere." (S. 41.) Aber damit nicht die Reflexion das vorhergehende Gefühl *mit* und *neben* dem folgenden, sondern Jenes in dieses *übergegangen* setze: so müssen beide von der Art sein, dass sie zu einander auf dem Wege einer ihnen gemeinschaftlichen *Continuität* übergehen können. (Continuität der Farben, Figuren; der Tonlinie u. s. w.) Das Characteristische solcher Gefühle, die in *einer* Continuität liegen, ist, dass sie einander ausschliessen. Das Uebergehen bezeichnet ein solches *Ausschliessen*. Das fortdauernde Setzen also besteht nicht neben dem neuen Setzen, und da dieses die Nothwendigkeit der sinnlichen Gegenwart mit sich führt, so findet jene setzende Thätigkeit *Widerstand*, wird also ein *Streben*; und ein Streben der Reflexion ist ein *Wollen* im allgemeinsten Sinne des Worts. Die Intension des Wollens richtet sich nach der Stärke des vorhergegangenen wirklichen Setzens im Verhältniss zum gegenwärtigen" (S. 42). Denn das Vorhergehende — wie die Note auf der folgenden S. bemerkt — „ist nicht aufgehoben, nur verringert, es hat verloren, ohne Zweifel nicht an Extension, denn die hatte es nicht, also an Intension," und die Anmerkung auf S. 57 führt näher aus: „Das erste wirkliche Setzen wird nur theilweise in ein Streben verwandelt. Aus einem starken Setzen *kann* ein starkes Streben werden, weil viel zu hemmen da ist. Ist aber das Hemmende nicht stark genug, so wird das Streben auch nicht stark, aber die wirkliche Vorstellung bleibt so viel lebhafter."

Wir erkennen in diesen Aufstellungen deutlich die Grundlagen der Herbartischen Psychologie, die wechselseitige Hemmung der Vorstellungen nach Massgabe ihrer Intensität und des disjuncten Gegensatzes. Wie sie jedenfalls mit unter dem Einfluss empirischer Daten zu Stande gekommen sind, so wird auch hier fortwährend die Controle am erfahrungsmässig Gegebenen versucht, und namentlich den Phänomenen des Wollens und seiner Befriedigung Rücksicht geschenkt. Die Ansätze quantitativer Betrachtung aber, die der Entwurf schon unverkennbar enthält — über die „Intension im Wollen" und die exacte Grössenbestimmung derselben verbreitet sich die Bemerkung auf S. 55 f.

näher — wurden nach Hartenstein's Bericht (Kl. Schr. I. S. L. IV) von Herbart noch während des Schweizer Aufenthalts zu den ersten mathematisch-psychologischen Rechnungen fortgebildet[14]), wie wir ihn denn um diese Zeit besonders eifrig über mathematischen Studien finden. Der letzte Schritt des Entwurfs, den wir hier noch zu verfolgen haben, besteht in der Erklärung, wie die Bildung abstracter Begriffe überhaupt, dann im Besonderen die des Ich-Begriffs zu Stande komme. Werden viele gleichartige A von einem ihnen gemeinsam entgegengesetzten B ausgeschlossen, so muss diese Handlung des Ausschliessens eine viel grössere Intension bekommen, als das Hinzusetzen der besonderen Bestimmungen jedes A. Wird dieses Hinzusetzen „nur unendlich schwach, so heisst ein solches Gesetztes ein *allgemeiner* Begriff, unter dem in jedem wirklichen Falle, wo die Bestimmungen durchs Gefühl also für diesmal stark genug sich aufdringen, *subsumirt*, geurtheilt wird. (Wenn man sich besinnt, so findet man, dass bei jedem allgemeinen Begriff, ein dunkles Setzen jener Bestimmungen wirklich stattfinde)" (S. 46). Eine kurze Ausführung zeigt noch, wie das *Nachdenken*, als eine besondere Art des mannigfaltigen Gedankenwechsels zu Stande kommt: es ist das mit den allgemeinen Begriffen verbundene Aufstreben derjenigen besonderen Bestimmungen, welche jenen Haltbarkeit geben und unter sie subsumirt werden. Und nun der allgemeine Begriff der Persönlichkeit, des Ich: „Die Masse der Bestrebungen, Erinnerungen und gegenwärtigen Gefühle ist, — wenn gleich in abwechselnden Intensionen, immer beisammen; was immer mit ihr vereinigt bleibt (der Leib), wird mit ihr als Eins angesehen; das Uebrige, bald verbunden, bald nicht verbunden, wird ihr zufällig gesetzt. Als Eins verdient sie auch einen eigenen Namen; — sie heisse Peter. Diesem Peter werden die besonderen Bestimmungen, durch die er sich hindurchträgt, zufällig gesetzt; sind diese Bestimmungen unter allgemeine Begriffe gefasst, so wird er unter dieselben subsumirt. Da heisst es bald: Peter will, bald: Peter denkt. Woran denkt er: Das muss unter das Denken subsumirt werden. Antwort: Peter denkt an Peter. Und im nächsten Augenblick, wofern nur die Frage vorherging: woran denkt Peter jetzt? — Peter denkt, dass er an Peter denkt. Hier haben wir das Ich" (S. 47).

So wäre denn das Ich denkbar gemacht, das Problem der Wissenslehre gelöst. Die erste Frage, die uns hiebei dem Zwecke vorliegender Untersuchung gemäss zu beschäftigen hat, ist die nach Ursprung und Genesis der neu auftretenden Vorstellungsweisen, welche die Lösung bewerkstelligen.

Auf den engen Zusammenhang mit Fichte hat schon Hartenstein hingewiesen, wenn er (Vorw. S. XI. zu Bd. XII der S. W.) über den Entwurf bemerkt: „Die Grundbegriffe der Psychologie sind hier in ihren Anfängen wohl zu erkennen, aber sie schimmern durch die trüben und unklaren Elemente, die ihm (Herbart) von Fichte's Schule her noch anhängen, gleichsam nur hindurch, und selbst das Verständniss dieser ohnedies höchst abstract gehaltenen Aufzeichnungen ist beinahe unmöglich, wenn man sich nicht sehr genau in die Vorstellungsweisen des Fichteschen Idealismus in seiner ersten Gestalt zurückversetzt." Allein es scheint fast, als wolle Hartenstein damit nur die trübenden Anhängsel auf die Schule Fichte's zurückführen, während ihr, wie ich glaube, ein guter Theil

des wesentlichen Apparates entstammt, den Herbart zur Verwendung
bringt. Schon die allgemeine Fassung der Aufgabe, von den niedrig-
sten Bewusstseinsformen zur höchsten des Selbstbewusstseins emporzu-
steigen, findet sich in der Wissenschaftslehre — wenn auch nicht in
den ersten Schritten des Systems (s. S. 9 oben) — vorgebildet.
Von der Setzung auf den untersten Reflexionspuncten geht „die Deduction der Vorstellung" (Fichte's S. W. I. S. 227 ff. vgl. S. 217, 333) aus,
durch immer höhere Setzungen hindurch, um schliesslich den höchsten
Reflexionspunct des Selbstbewusstseins zu erreichen. Ausdrücklich be-
kennt Herbart nach Abfassung des Entwurfes: „Mir hat Fichte's Methode
die Idee der meinigen gegeben, und aus dieser Idee *allein* hat sich, so
viel ich mir wenigstens bewusst werden konnte — das System entsponnen,
in das wir uns jetzt den Eingang bereiten" (Rel. S. 245). Wir wollen
unseren Vergleich nicht bei äusseren Aehnlichkeiten aufhalten und darauf
etwa Werth legen, dass die vielgebrauchten termini der Wissenschaftslehre
wie Thätigkeit, Setzen, Reflexion u. s. w. bei Herbart wiederkehren; es
bleiben tiefer gehende sachliche Beziehungen. Dass die Vereinigung des
Ich mit den Anderen, das Setzen dieser Vereinigungen u. s. w. nur
Copieen Fichte'scher Lehren sind — gleichsam in's Realistische über-
setzt, wurde bereits angedeutet. Auch muss Herbart, trotz allem Sträubens,
eine Thätigkeit im Ich beibehalten (um auch späterhin nie davon loszu-
kommen) und selbst die Verclausulirung, mit der er sie einführt, dass
sie ebenso wohl ein Leiden genannt werden könne, gibt nur einen von
Fichte in seinem Wechsel-Thun und Leiden" (S. W. I. S. 150 u. ö.)
vielfach verwendeten Gedanken wieder. Berücksichtigen wir, dass Fichte
gelegentlich sogar dem Nicht-Ich eine „unabhängige Thätigkeit" beilegt
(ebd. S. 149), dass überhaupt der ganze theoretische Theil der Wissenschaftslehre zu keiner völligen Unterwerfung des Nicht-Ich führt, sondern
dieses seine Macht, auf das Ich zu wirken, behält, so scheint die Ueber-
leitung zu den Ausführungen Herbart's hinreichend nahe gelegt. Ja die
Wissenschaftslehre führt durchweg zu einer Anschauung vom Ich als
einem continuirlichen Quantum, dessen angrenzende Theile einander
wechselseitig bestimmen, einschränken, ausschliessen — es wird gelegentlich auch von Graden der Wirksamkeit der Thätigkeit gesprochen (ebd.
S. 146) — und Herbart brauchte nur das, was dort durch eine stetige
Action vom Centrum aus erzeugt wird, zu stabilisiren und dauernd den
einzelnen Theilen anhaften zu lassen, um sein Ich mit den in continuis
geordneten Zuständen, die einander bestimmen, ausschliessen, wobei sich
die wechselseitige Einwirkung nach festen Massen gradweise abstuft, zu
erhalten.

Allein neben dieser augenscheinlichen Abhängigkeit von Fichte tritt
das Eigenartige in Herbart's Leistung hinreichend kenntlich hervor,
um ihm das Verdienst origineller psychologischer Schöpfung ungeschmälert
zu lassen. Er kann mit den Vorstellungsweisen der Wissenschaftslehre
erst für seine Zwecke fruchtbar operiren, nachdem er ihnen eine wesentlich neue Fassung und Formung gegeben hat. Die Grundanschauung
gewinnt, wie wir bereits sahen, eine völlig veränderte Gestalt dadurch,
dass das Ich keine ursprüngliche freie Thätigkeit behält, sondern sich
zur Vereinigung mit einem real von ihm Getrennten genöthigt sieht.
Fichte häuft Actionen über Actionen, um schliesslich durch ein absolutes

Abstractionsvermögen, das in der Fähigkeit besteht, von allem Object überhaupt zu abstrahiren (ebd. S. 243), das reine Selbstbewusstsein zu gewinnen. Gegen solches Verfahren kehrt Herbart eine scharfe Kritik. Er erinnert, „dass eine Aufeinanderhäufung unendlich vieler *absoluter* Reflexionen nicht nur eine ganz willkürliche Hypothese sein, sondern auch unsere Ueberzeugung von der Einheit unseres Wesens Lügen strafen würde, weil es uns selbst als Aggregat eben so vieler Grundkräfte darstellte" (S. W. XII. S. 53) und zu Fichte's „Abstractionsvermögen" bemerkt er: „Dieser *qualitas occulta* könnte man erstlich vorhalten, dass sie eine völlig willkürliche Hypothese, ein blosses Ruhekissen des trägen Nachdenkens sei; sie aber zu widerlegen, bleibt wohl Nichts, als die dadurch verletzte Einheit unseres Wissens, die Identität des Ich" (S. 55). Die beiden Hauptargumente, mit denen Herbart's Psychologie den vernichtenden Kampf gegen die Seelenvermögen führt, sind hierin ausgesprochen, und wie eine solche Polemik in Herbart's Individualität begründet war, wird begreiflich, wenn wir uns erinnern, dass der gemeinsame Grundzug aller Vermögenstheorien darin besteht, aus leeren Allgemeinheiten, Abstractionen ihr System aufzubauen. Diesen Standpunct hatte die Wissenschaftslehre mit einer Schärfe zum Ausdruck gebracht, die sehr geeignet war, einen Geist wie Herbart zur Opposition zu drängen. „Von dem Endlichen aus" — heisst es dort — „gibt es keinen Weg in die Unendlichkeit, wohl aber von der unbestimmten und unbestimmbaren Unendlichkeit, durch das Vermögen des Bestimmens zur Endlichkeit. Die Wissenschaftslehre muss diesen Weg nehmen, und vom Allgemeinen zum Besonderen herabsteigen" (Fichte's S. W. I. 333). Dabei fragt sie, als Wissenschaft, „schlechterdings nicht nach der Erfahrung und nimmt auf sie schlechthin keine Rücksicht. Sie müsste wahr sein, wenn es auch gar keine Erfahrung geben könnte" (ebd. S. 334).

Gegenüber solchen Anschauungen kommt Herbart's Werthschätzung des durch die Erfahrung Gegebenen, wie wir bereits sahen, zu entschiedenem Ausdruck. Dabei musste ein klarer Blick, der durch das pädagogische Interesse noch besonders geschärft war, unvermeidlich auf die concreten facta des Seelenlebens gelenkt werden, denn die reelle Wirklichkeit zeigt nun einmal nichts anderes als die einzelnen Elemente, welchen die allgemeinen Bestimmungen als blosse Producte unseres Denkens gegenüberstehen. Gleichzeitig war Herbart durch die Aufgaben des Unterrichts und durch das eigene Interesse zu eingehender Beschäftigung mit Mathematik und Naturwissenschaften geführt worden. Er sucht für sein Philosophiren „nach Rüstzeugen umher, die schweren Steine zu heben, Analysis des Unendlichen, Combinationslehre, philosophische Literatur, Erfahrung an Menschen und Kindern — wer weiss was alles" (Ungedr. Br. S. 9) und seine mathematischen Studien gehen so weit, dass er sich sogar mit dem Gedanken beschäftigt, später einmal eine mathematische Professur zu übernehmen (Rel. S. 69); „denn die Mathematik wird mir," fügt er hinzu, „schon wegen ihrer nahen Verbindung mit der Philosophie, fast eben so wichtig sein, wie diese selbst."[1]) Die Mathematik hatte er unmittelbar in die psychologischen Untersuchungen eingeführt, und die Physik und Chemie — deren Werthschätzung sich namentlich in seinen Mittheilungen an Herrn von Steiger kund gibt — boten wirksame Vorbilder exact wissenschaftlicher Behandlang des Thatsächlichen. Dem Alles verarbeitenden und in echt philosophischem Geist durchdringenden Verstande Herbart's musste die Bestimmtheit und Sicherheit im Anfbau dieser Wissenschaften besonders augenfällig werden, und auch der Grund dieser Vorzüge konnte ihm nicht verborgen bleiben. Schon über ein Jahrhundert lang hatte sich das Streben der Physiker, die überlieferten qualitates occultae sich vom Halse zu schaffen, auf das Glänzendste bewährt; Herbart will sie nun auch aus der Psychologie verbannen.

Auf solchen Grundlagen mag der principielle Gegensatz erwachsen sein, in welchen Herbart's Behandlung psychologischer Fragen zu Fichte tritt. Das concret Wirkliche in den Phänomenen des Bewusstseins, die greifbaren Elemente des Seelenlebens, wie sie die innere Beobachtung unmittelbar aufzeigt, werden für ihn die Träger der Thätigkeiten. Strebungen, wechselseitigen Bestimmungen, aus denen bereits die Wissenschaftslehre den psychischen Thatbestand hervorgehen liess. Aber die vagen Allgemeinheiten derselben gewinnen durch diese wesentliche Modification mit einem Schlage eine fest ausgeprägte Gestalt von greifbarer Bestimmtheit; sie lassen sich in concreter Anschaulichkeit fassen und ihre Grössenbeziehungen verharren nicht in den schwanken Umrissen bloss symbolischer Bezeichnungsweise, sondern werden in die scharfumgrenzte, feste Form des mathematischen Ausdrucks geschmiedet, der die geeignete Handhabe bietet für ein Verfahren von höchster wissenschaftlicher Strenge.

Wir begegnen hier einem analogen Verhältniss zur Wissenschaftslehre, wie in der vorigen Periode, wo Herbart seine Aufstellungen über Princip und Methode der Philosophie gewinnt. Auch dort entnimmt er alle Anhaltpuncte Fichte, um sie, seiner individuellen Richtung angemessen, unter streng logische Kriterien und Operationen zu bringen, statt mit den Thathandlungen der Wissenschaftslehre fortzuschreiten. Hier sind es die Anlehnung an die Erfahrung und die Anforderungen exacter Wissenschaftlichkeit, die ihn veranlassen, aus dem vorgefundenen Material einen Bau nach neuem, selbständigem Plane aufzuführen, wobei denn freilich gar manches Stück umgeformt, oder gar völlig verworfen und ein neues an seine Stelle gesetzt werden muss. Dieser doppelseitige Ursprung wie der gesammten Metaphysik, so auch namentlich der Psychologie Herbart's — einerseits aus rein speculativen Tendenzen, andererseits aus Antrieben der Forschung, welche zum Geiste jener in directem Gegensatz steht, — hat den doppelseitigen, um nicht zu sagen, zwiespältigen Character bedingt, den seine theoretische Philosophie nie verleugnen konnte.

Zwischen den Jenenser Leistungen, und dem, was Herbart in der Schweiz neu erarbeitete, zeigt sich ein bemerkenswerther Unterschied. Jene Abhandlungen waren durchaus beherrscht vom formalen Interesse; logische Gesichtspuncte waren für sie in erster Reihe massgebend, und die positiven Aufstellungen über Princip und Methode — die Setzung des Widerspruchs und der nothwendige Fortschritt durch Auflösung desselben — sind rein logischer Natur. Anders der eben betrachtete Entwurf. Ein präcis formulirter logischer Widerspruch als Ausgangspunct der Untersuchung fehlt hier gänzlich; nicht als ob Herbart diesen Ausgangspunct aus dem Auge verloren hätte, — vielmehr war gerade auf

die strenge Continuität hinzuweisen, mit der die neue Leistung den
frühern Aufstellungen sich anschliesst (s. oben S. 24) — allein auf jene
formalen Fragen und Auseinandersetzungen geht er im Entwurf nicht
mehr ein. Hätten wir diesen allein, wir würden ihm nicht entnehmen
können, welche Bedürfnisse, welche Ueberlegungen Herbart ursprünglich
zur Untersuchung getrieben hatten. Dass es wohl an formalistischen
Wendungen auch hier nicht fehlte, dafür hatten die eigene Anlage des
Urhebers und die Schule Fichte's genügend gesorgt, doch aber ist
mit entschiedenem Uebergewicht an die Stelle der Form die Sache, an
Stelle der logischen Deduction die psychologische Entwicklung
getreten und jene kommt nirgends mehr zu selbstständiger Geltung. Ob
damit aber nicht der Consequenz der Entwicklung Eintrag gethan ist? —
Die streng logische Formulirung des Problems hätte eine streng logische
Lösung verlangt, und es fragt sich, ob der Entwurf diese geleistet hat.
Ist logisch an den vorgefundenen Begriffen etwas geändert, ist eine
solche Aenderung auch nur versucht worden? Bleibt nicht der Ich-Begriff nach wie vor der des sich selbst Vorstellens, nur dass eine sachliche
Erörterung der Vorstellungsbildung gezeigt hat, wie dieser Begriff entstanden sein mag? War also das mit der Auflösung des im Princip
enthaltenen Widerspruchs gemeint, dass man die psychologische Entstehung des Widerspruchs nachweisen solle? — Die Entwicklungsgeschichte hat auf eine nähere Discussion dieser Fragen nicht einzugehen; dieselben sollten nur die Schwenkung bemerklich machen, welche
sich im Fortschritt des Herbartischen Philosophirens von der formal
logischen Richtung der Jenenser Periode zum material psychologischen Character der Schweizer Untersuchungen vollzieht.

Auch in anderer Hinsicht noch scheint eine Discrepanz zwischen
der frühern Aufstellung des philosophischen Problems und dem num-
mehrigen Lösungsversuch vorzuliegen. Kommt diesem wirklich die weit-
tragende Bedeutung zu, die dort der Discussion des Ich-Begriffs augen-
scheinlich beigemessen wurde? Thatsächlich scheint die gewonnene Lösung
nur die Erklärung eines einzelnen psychologischen Factums zu
enthalten, wobei allerdings wichtige Grundbegriffe für eine Wissenschaft
vom psychischen Geschehen sich ergeben, ohne dass aber weiterhin ein
erheblicher Erwerb für ein Gesammtsystem der Philosophie bemerkbar
wäre; und Herbart hatte doch von der Lösung der im Ich-Begriff enthaltenen Widersprüche nichts weniger als die Erzeugung des philosophischen Systems erwartet. Gerade die metaphysischen Grundfragen
aber, deren Behandlung durch Fichte und Schelling so dringlich gemacht
war, und zu denen der Philosoph damals in erster Reihe Stellung nehmen
musste, werden nur gelegentlich berührt und erfahren keine ausgeführtere
Erörterung. Zwar zeigt sich in Bezug auf das Verhältniss von Idealismus und Realismus eine grössere Klarheit und Entschiedenheit, als in
den Jenenser Arbeiten, wofür neben dem früher (oben S. 25) Erwähnten
noch einige weitere Nachweise zu erbringen sind. Herbart denkt nicht
mehr daran, aus dem Ich-Begriff die gesammte Philosophie als Wissenschaftslehre abzuleiten. Sein Entwurf bezieht sich nur auf die „Wissenslehre", neben welche als coordinirte Disciplin die „Naturphilosophie" —
wir dürften wohl auch sagen „Seinslehre" — zu treten hat; denn „Naturphilosophie unterscheidet sich dadurch von der Wissenslehre, dass jene

von einem Sein, diese von Begriffen ausgeht. Jene muss daher durch
diese gegen die Einwürfe des Idealismus erst gesichert werden." Dafür
muss dann die Naturphilosophie „über den Streit von der Substantialität
der Seele entscheiden" (XII. 48). Bei diesen allgemeinen Andeutungen
bleibt es aber; denn vorläufig ist für Herbart das Denkende nur ein „un-
bekanntes Etwas, das nicht bloss reflectirt, sondern sich auch mit Anderem
vereinigt" (S. 54) und wo von einer „Wirksamkeit des Ich in der Sinnenwelt" die Rede ist, heisst es: „Unsere geforderte *Verbindung* bestätigt
die Erfahrung, zur Erklärung der *stabilirten* Harmonie; ob sie eine *prä-
stabilirte*, oder ein *influxus physicus*, oder was sonst sei, darüber wird
hier nichts behauptet" (S. 45). Ueber Art und Wechselwirkung des
Seienden, und über den Platz, der dem absoluten Sein zukommt, erfahren
wir auch jetzt noch nichts Bestimmtes, und bemerken daher in der spe-
ciellen Ausgestaltung der metaphysischen Ansichten keine erheblichen
Fortschritte gegenüber dem, was bereits die Aufsätze über Schelling enthielten. Mag immerhin der jetzt gelungene Entwurf das Fundament zu
einer neuen Psychologie gelegt haben, so scheint doch seine Ausbeute
für eine allgemeine philosophische Ueberzeugung, ein philosophisches
System, nur gering. Jedenfalls würden wir nach den erhaltenen Zeug-
nissen, den Ursprung von Herbart's System weit eher in die Jenenser,
als in die Schweizer Periode verlegt haben.

Anders hat er selbst, und haben seine Schweizer Freunde[11]) die
Sache aufgefasst. Hören wir zunächst, was einer der letzteren, Böhlendorf, am 10. December 1798 aus Bern schreibt: „Herbart hat sein System
gefunden. Dass es kein System, wie von Reinhold, Kant, Fichte, Schelling — sondern eine ganz andere Art von Systemen sei, kann Dich
schon seine Entstehung lehren. Fichte hat die Wissenschaftslehre zuerst
im Traume gesehen; Herbart hingegen, — nachdem er sich durch Fichte's
und Schelling's, Kant's Systeme durchgearbeitet, Chemie, Mathematik als
schwere Steine langsam vor sich hergewälzt, und mit einer gewissen
selbstbewussten Macht in der Welt, nun sich her gesehen, dann in sein
eigenes Herz zurückgesehen, entstand das seinige in dem anmuthigen
Wäldchen von Engisstein, unweit Höchstetten, wo er drei Wochen ere-
mitisirte" (Rel. S. 87). Diesem Bericht fügt Herbart in bescheidener
Weise hinzu: „Was ich gearbeitet, hat Dir Böhlendorf richtig angegeben,
wenn Du statt eines Systems einige erste Puncte davon denkst, deren
Unrichtigkeit ich beim weiteren Auszeichnen *noch* nicht gefunden habe.
Mir wäre das an sich noch nicht der Rede werth, und Du wirst es
hoffentlich keiner weiteren Rede werth halten" (ebd. S. 89). Allein dass
in der That auch ihm die neuen Entdeckungen von erheblicher allgemeiner Bedeutung erschienen, zeigt eine Aeusserung aus dem Jahre 1802:
„Meine philosophische Muse scheint an den kleinen Bach zu Engisstein,
wo ich ihr im Grunde zuerst begegnete, gebannt zu sein" (ebd. S. 146),
sowie die spätere Erklärung: „Die Grundgedanken meiner Metaphysik
wurden festgestellt in den Jahren 1798 und 1799" (VIII. 212), welche
sich wesentlich auf den Inhalt des Entwurfs und der dazugekommenen
Bemerkungen beziehen dürfte.

Wenigstens scheint, um die angeführten Kundgebungen begreiflich
zu finden, keineswegs die Annahme erforderlich, dass Herbart's derzeitiger
Besitzstand an metapysischen Ansichten das dort Entwickelte erheblich

übertraf. Vielmehr lag es in der Natur der Sache, dass er Bedeutung
und Tragweite seiner neuen Leistung ganz anders beurtheilte, als wir es
eben thaten. Wie für ihn das Ich-Problem von vorn herein kein speciell
psychologisches, sondern das allgemeine philosophische Grund-
problem war, so mochte ihm auch Alles, was sich auf dessen Lösung
bezog, in diesem Lichte erscheinen, und er konnte dabei leicht den rein
psychologischen Character der gewonnenen Resultate übersehen. Dass
dies in der That der Fall war, indem er ihnen in der Folge unmittelbar
den wesentlichen Apparat zum Aufbau der allgemeinen Metaphysik ent-
nahm, wird im weiteren dargelegt werden, und es erhellt daraus das
Recht, von denselben später als Grundbegriffen der Metaphysik zu reden.
Ebenso begreifen wir, wie Herbart die Entstehung seines Systems von
jenem ersten Entwurf datirt, denn bis dahin war er ja über die Problem-
stellung nicht hinausgekommen, durch welche er allerdings principiell
bereits die Bahn seiner eigenen Philosophie betreten hatte. Ob dieselbe aber auch gangbar sein würde, blieb noch fraglich, bis nun thatsächlich der erste Schritt gelungen war — und zwar in einer Weise,
welche auf das Selbstbewusstsein des jungen Philosophen mächtig zurückwirken und auch für die Folgezeit die Erinnerung an diese Entwicklungen
zu einer besonders lebendigen machen musste. Vor allem schien erreicht,
was für Herbart wohl früh schon ein leitender Gesichtspunct war — die
Vereinigung von Speculation und Erfahrung. Diese bot in der inneren
Beobachtung eine Bestätigung für die Resultate jener und damit eine
erhebliche Garantie ihrer Sicherheit. Zugleich fand sich Herbart mit
seinen psychologischen Untersuchungen auf einem Gebiete, auf welches
die zeitgenössische Philosopie wohl verwiesen hatte, ohne es aber irgendwie fruchtbar anzubauen; vielmehr mussten ihre hieher gehörigen Versuche, sowie die ganze bisherige Psychologie als völlig unzureichend und
unwissenschaftlich angesehen werden. Dem gegenüber durfte sich Herbart
wohl sagen, die Bahn für eine neue Wissenschaft gebrochen zu haben
und dieses Bewusstsein wahrhaft reformatorischer Schöpfung musste das
kraftvolle Selbstgefühl, mit welchem er mehr und mehr auf das eigene
Denken sich zurückzog und der Zeitphilosophie entgegentrat, auf das
Höchste steigern. Die grosse Bedeutung, welche von nun an für Herbart
seine psychologischen Untersuchungen gewannen, wird vollends begreiflich, wenn wir beachten, wie er ihnen durch Verbindung mit dem Calcül
die strengste Wissenschaftlichkeit und Exactheit verliehen zu haben
glaubte. Die „gute Gesellschaft der Mathematik", die in der Geschichte
der neueren Philosophie eine so hervorragende, wenn auch keineswegs
glückliche Rolle spielt, verschaffte auch hier dem Gegenstand ein gar
. viel gewichtigeres Ansehen, und Herbart spricht es in der Vorrede zu
seiner „Psychologie als Wissenschaft" (1824) geradezu aus, dass er,
„während eines vollen Vierteljahrhunderts ankämpfend wider Wind und
Strom, nur mit äusserster Anstrengung seine Richtung habe behaupten
können, und ohne die Stütze der Mathematik sicherlich hätte unter-
liegen müssen."
    All' diese Momente muss man sich gegenwärtig halten, wenn man
verstehen will, wie von nun an die psychologischen Betrachtungen eine
so prävalirende Stellung in Herbart's theoretischem Philosophiren gewinnen, und die Ausbildung des Systems auf das tiefgehendste beeinflussen.

Durch Einführung der psychologischen Elemente in seinen Gedankenk
ist die vorliegende Periode von ausserordentlicher Wichtigkeit u
sich mit ihrem eigenartigen Inhalt sehr bestimmt gegen die übrigen ab.
Weniger genau lässt sich eine zeitliche Abgrenzung finden. Zwar
sind die besonderen Einflüsse des Schweizer Aufenthalts so sichtlich
wirksam, dass es gewiss berechtigt war, mit ihm den neuen Abschnitt
beginnen zu lassen. Ob es während desselben aber nicht noch zu weiterer
Ausführung der philosophischen Gedankengänge kam, als wie weit wir
sie bisher verfolgten, lässt sich urkundlich nicht feststellen. Gewiss be-
gehen wir keinen grossen Fehler, wenn wir hier wieder die Aenderung
in den äusseren Lebensverhältnissen Herbart's benutzen — seinen Weg-
gang aus dem Steiger'schen Hause und der Schweiz, der auf den Beginn
des Jahres 1800 fällt —, damit einen Markstein auch seiner inneren
Entwicklung zu bezeichnen. Für den weiteren Fortschritt derselben fehlt
es ohnedies an so ausgeführten Documenten und bestimmten Anhalts-
puncten, wie sie uns bisher vorlagen. Daher ist auch eine weitere Unter-
scheidung von Perioden nicht möglich und wir sind genöthigt, die
völlige Ausgestaltung des Systems — zu der noch ziemlich viel erfordert
wurde — zum Inhalt eines einzigen noch übrigen Abschnittes zu machen,
der zwar seinem eigenen Charakter nach weniger scharf bestimmt ist,
gegen die vorausgegangenen Entwicklungsstufen sich aber hinreichend
deutlich abhebt.

IV. Vorbereitung zum akademischen Beruf und erste Ausübung desselben.

Die griechische Philosophie und die positiven Wissenschaften. Abschluss des metaphysischen Systems.

Schon die äusseren Lebensumstände Herbart's während dieser Periode
geben kein so einheitlich geschlossenes Bild, wie dies bei den früheren
Abschnitten der Fall war. Nachdem er die Schweiz mit dem Beginne
des neuen Jahrhunderts verlassen, verlebt er zwei Jahre im Hause seines
Freundes Smidt in Bremen, neben Ertheilung einiger Privatstunden
vorzugsweise mit der eigenen Vorbereitung fürs Katheder beschäftigt,
und geht sodann nach Göttingen, wo er sich im Herbst 1802 als Docent
für Philosophie und Pädagogik habilitirt.

Am erfolgreichsten wirken um diese Zeit die pädagogischen In-
teressen bei ihm nach und kommen bei seinen ersten literarischen
Veröffentlichungen, die in das Jahr 1802 fallen, zum Ausdruck. In
einer Zeitschrift bespricht er Pestalozzi's Schrift: „Wie Gertrud ihre
Kinder lehrte" und schreibt über dessen „ABC der Anschauung" ein
selbständiges Buch (S. W. Bd. XI). In seinen Privatstunden treten zwei
Gebiete in den Vordergrund, die ihn bereits in der Schweiz von pädagogischer Seite her lebhaft beschäftigt hatten: Mathematik und
griechische Literatur. „Auf meinem Schreibtisch liegen an der einen
Seite griechische, an der anderen mathematische Bücher" schreibt er am
8. Februar 1801 (Rel. S. 120) und im Mai darauf: „Ich lehre hier meistens
dasjenige, was ich ohnehin, aber mühsamer für mich allein meinem
Gedächtnisse würde einprägen müssen: Combinationslehre, Analysis, ver-

trautere Bekanntschaft mit den Griechen — diese Hülfswissenschaften
sind mir unentbehrlich, und so wenig ich das Gewicht unserer neuen
Philosophie fühle, so bin ich doch in der höheren Mathematik und in
der Kenntniss der Alten viel zu lange vernachlässigt, als dass ich darin
nicht immer nur noch Anfänger sein könnte." „Ich arbeite" — heisst
es einige Zeilen später — „an einer Einleitung in die Betrachtung des
Uebersinnlichen, zum Theil auf dem Wege der Griechen" (ebd. S. 122).
Bezeichnend ist die Zusammenstellung der Collegien, die er in Göttingen
im Sommer 1802 hört: über Pindar und höhere Mechanik (ebd. S. 144).
Die erste philosophische Kundgebung Herbart's in dieser Periode,
die wir als Quelle zu benutzen haben[1]), bilden zwei Reihen von Thesen,
die er am 22. und 23. October 1802 zum Zweck der Promotion und der
Habilitation in Göttingen öffentlich vertheidigte. Nach Hartensteins
Vorgang sind dieselben neuerdings auch von Zimmermann (Sitz.-Ber. der
Wiener Akad. Bd. 83. S. 226) als Schlusspunct der philosophischen
Entwicklungsperiode Herbart's angenommen worden. Jener bemerkt
nämlich (XII. Vorw. XI): „Gegen die Mühe und Arbeit des Suchens,
welche in den früheren Aufsätzen sichtbar ist, sticht die Klarheit und
Bestimmtheit der Thesen auffallend ab, welche Herbart im October 1802
bei seiner Habilitation vertheidigte; jeder der Sätze, die sie enthalten,
ist der Ausdruck eines in seiner Sphäre zur Reife gediehenen Denkens;
keinen derselben hat Herbart später zurückzunehmen sich veranlasst gefunden; und mit ihnen kann die Periode der Vorbereitung als abgeschlossen
angesehen werden. Sie zeigen, dass, die Principien der Ethik ausgenommen,
er damals schon über das Verhältniss der verschiedenen Gebiete der
philosophischen Untersuchung sammt den Grundgedanken der Metaphysik
und Psychologie mit sich in's Reine gekommen war." Für die vorliegende
Untersuchung ist es natürlich eine wesentliche Frage, ob sie ihr Ziel
schon in den Thesen findet, und daher eine nähere Discussion derselben
erforderlich.

Was Hartensteins erste Bemerkung anlangt, so liegt es wohl in
der Form von „Thesen" begründet, dass sie „klar und bestimmt" auftreten und Nichts von der „Mühe und Arbeit" einer eigentlichen Untersuchung verrathen können. Einzelne aus jenen Untersuchungen heraus-
gegriffene Sätze würden wohl ebenso klar und bestimmt ausgesehen
haben. Lassen wir uns aber nicht durch die Form täuschen, und wenden
unsere Aufmerksamkeit dem Inhalte zu, so scheint derselbe keineswegs
eine so erhebliche Weiterbildung der Gedanken zu documentiren, welche
Hartensteins Auffassung der Thesen rechtfertigen könnte. Diese haben
eine doppelte Tendenz: die Präcisirung des eigenen und die Zurückweisung abweichender Standpuncte, nämlich des Kantischen und Fichte'
schen. Dem ersteren Zweck dienen vorzugsweise die Promotions-, dem
letzteren die Habilitationsthesen.

Zunächst wird in jenen (XII. 58) die Philosophie als „conatus
reperiendi nexum necessarium in cogitationibus nostris" und die Metaphysik als „complexus omnium disquisitionum, quae quovis modo ultimum
quiddam in cognitione nostra spectant" bestimmt. Die Auffindung eines
„nothwendigen Zusammenhangs" unserer Gedanken war indess schon für
die Aufsätze von 1796 der leitende Gedanke, und so scheint die obige Definition weit mehr diesem Standpunct angenähert, als dem des reifen Systems,

3*

welches Philosophie als „Bearbeitung der Begriffe" definirt. Ebenso verharrt die Begriffsbestimmung der Metaphysik noch in einer vagen Allgemeinheit, welche merklich absticht von der späteren, weit engeren und präciseren Fassung: „Metaphysica est ars experientiam recte intelligendi (Wissenschaft von der Begreiflichkeit der Erfahrung)" (IV. 527). Eigentlich sachliche Aufstellungen beginnen erst mit These IV. und bringen Herbart's Ansichten über die Einheit des Princip's und über Causalität — zwei Fragen, die bereits 1796 sein Nachdenken in erster Reihe beschäftigt hatten: „Ex uno odemque principio an omnes metaphysicae veritates possint erui, adhuc usque dubitandum est. Sed si possent, haec istius scientiae tractandae ratio, etsi optima, tamen nec unica, nec plane sufficiens minimeque in docendo statim ineunda." Ein Fortschritt gegen 1796 zeigt sich hier insofern, als damals noch am Einen Princip — wenn auch nicht aus formalen Gründen — festgehalten wurde. Uebrigens lässt das „adhuc usque dubitandum" die von Hartenstein urgirte Bestimmtheit etwas vermissen, und fast scheint in dieser Beziehung der Entwurf von 1798 bereits entschiedener vorgegangen zu sein, wenn er ausdrücklich Wissenslehre und Naturphilosophie trennte. Die letzten Worte der These dürften eine Hindeutung auf die griechische Speculation enthalten, deren Weg für didactische Zwecke Herbart schon längst besonders geeignet schien. Rücksichtlich des Causalprincips formulirt aber der Satz: „Principium rationis sufficientis demonstrari potest. Cujus demonstrationis hoc est fundamentum, quod, quae res commutata sit, ea tamen una eademque remansisse judicanda est" nur denjenigen Gedanken bestimmter, den bereits die Recension Schelling's dahin ausgesprochen hatte: „Bedingen, aus sich Herausgehen ist ein Widerspruch, der durch Annahme der Ursache gelöst wird" (s. oben S. 16). Im Anschluss an das eben behandelte Causalitätsproblem weisen die noch übrigen Thesen die Forderung eines zureichenden Grundes für das Sein der Dinge und die Annahme der transscendentalen Willensfreiheit zurück. Dass der Zweifel an dieser schon in den frühesten Regungen des Herbartischen Denkens auftauchte, haben wir gehörigen Ortes gesehen.

Die zweite Thesenreihe (XII. 59) hat es zunächst mit religionsphilosophischen Fragen zu thun. Die Religion gründet sich auf das ethische Bewusstsein und physicotheologische Argumente, die nach Zurückweisung des transscendentalen Idealismus wieder an Stichhaltigkeit gewinnen. Jene Zurückweisung begründet These V. „Spatii et temporis cogitationem quod e mente nostra ejicere non possumus, hoc non probat, eas cogitationes natura nobis insitas esse. Qui in hac Kantianae rationis parte latet error, totum tollit systema." Wahrscheinlich stützt sich Herbart hier bereits auf die quaternio terminorum, die er später dem Kantischen Beweise zum Vorwurf gemacht hat (I. 352. VI. 307). Allein offenbar handelt es sich hiebei nur um die formell zureichende Abfindung mit einer bestehenden Lehrmeinung von bereits gewonnenem Standpuncte aus. Wer einmal mit dem consequenten Idealismus Fichte's fertig geworden war, konnte in der Halbheit des Kantischen Idealismus, den ja die Zeitgenossen genugsam hervorgezogen hatten, nicht befangen bleiben. Und nun folgt die Widerlegung jenes absoluten Idealismus: „Intellectualis intuitio nulla est. Illud *Ego*, quo quisque sui ipsius conscientiam significat, nude positum, involvit contradictionem acerrimam; quae plane resolvi, non autem ex alio loco

In alium transferri debet. Resolutionem autem istam ne aggredi quidem potest philosophia, nisi sic, ut idealismum funditus evertat." Damit ist nur der Grundgedanke ausgesprochen, der Herbart's bisheriges Philosophiren beherrscht hat, und daher am allerwenigsten einen Fortschritt gegen früher bezeichnet.

So sprechen die Thesen an positiven Gedanken überhaupt Nichts aus, was nicht bereits die älteren Arbeiten erworben hatten, die daher mit gleichem Recht wie jene den Abschluss der betrachteten Entwicklung bilden könnten. All' die Lücken, welche der Standpunct von 1798 gelassen, bleiben auch hier unausgefüllt, und sehr bemerkenswerth treten noch immer die methodologischen Grundlagen des Systems entschieden in den Vordergrund vor den speciell metaphysischen Fragen, welch' letztere kaum berührt werden. Man würde uns keinen erheblichen Fehler vorwerfen können, wenn wir in den Thesen nur die präcis formulirten Resultate der Untersuchungen sehen wollten, die Herbart in seiner Kritik Schelling's bereits 1796 angestellt hatte. Nun waren allerdings diese Thesen nicht der Ort, wo er einen grossen Reichthum neuen speculativen Erwerbs ausbreiten konnte und gewiss griff er dabei lieber zu den älteren, darum aber auch sichereren Ergebnissen seines Nachdenkens zurück. Ein vollständiges Zeugniss für den derzeitigen Umfang seiner metaphysischen Ansichten ist daher hier nicht zu erwarten; immerhin aber bleibt es ein schwerwiegender Umstand, dass von dem vielen Neuen, das zum vollen Ausbau des Systems noch erforderlich war, so gar Nichts erwähnt wird.[17])

Der Gesichtspunct, unter welchem Hartenstein's citirter Ausspruch die Thesen erscheinen lässt, ist mit bedingt durch mündliche Aeusserungen Herbart's, wonach derselbe zur Zeit seiner Habilitation „nicht nur über den Standpunct der philosophischen Forschung überhaupt, sondern auch über die Bestimmungen der einzelnen Probleme und Theile der Untersuchung mit sich im Klaren war" (Kl. Schr. I. S. LVII). Allein der Briefwechsel enthält Stellen, die sehr deutlich für die Annahme zu sprechen scheinen, dass Herbart bei Abfassung der Thesen noch in keiner Weise zu einem Abschluss seiner metaphysischen Ansichten gekommen war. Er erinnert sich nachmals aus dieser Zeit „der grössten geistigen Anstrengungen", die unter deprimirenden Einflüssen anderer Art „nicht gelingen konnten" (Rel. 190) und in Göttingen sucht er ein Katheder (Brief aus dem Juli 1802. ebd. 145) „nicht für eine neue Philosophie — sondern für einen — wo möglich besseren und bildenderen Gebrauch der alten." (Sollte damit nicht vielleicht die griechische Philosophie und ihre didactische Verwerthung gemeint sein?) Denn über seine „philosophische Muse" ist er sehr ungehalten: „Sie scheint an den kleinen Bach zu Engisstein gebannt zu sein. Dort werde ich vielleicht irgend einmal — wer weiss wann? — sie wieder aufsuchen müssen." Diese Stelle könnte sogar als Andeutung gefasst werden, dass sein Philosophiren bis noch über den Schweizer „Entwurf der Wissenslehre" nicht weit hinausgekommen sei. „Hier in Göttingen" — fährt er fort — „wird sich aus dem pädagogischen Gesichtspunct mancher Versuch machen lassen — und Pädagogik denke ich künftigen Winter zuerst zu lesen."

So geschieht es in der That: er liest zunächst Pädagogik, sodann auch practische Philosophie, um erst im Sommer 1804 in der „kurzen Darstellung eines Plans zu philosophischen Vorlesungen" (I. 361) dreierlei

philosophische Vorträge anzukündigen: eine Einleitung mit der sich anschliessenden Logik, practische Philosophie und Metaphysik. Für die
Einleitung — mit der er gleich im Sommersemester 1804 beginnt —
wird „ein Rückblick in das wirkliche Werden der Philosophie, in ihre
Geschichte, unentbehrlich sein." Der Vortrag darf aber „nur die *Art*
der *Alten* nachahmen"; denn „die Versuche der Denker vor Sokrates
deuten vollständig genug auf die mannigfaltigen, ursprünglich natür-
lichen Richtungen." In der Metaphysik — die zufolge der Unzuläug-
lichkeit der Kantischen Kritik wieder erscheint — soll man „sich die
Grundbegriffe, deren die Auffassung der Natur bedarf, und ihren *noth-*
wendigen Zusammenhang verdeutlichen, indem man *durch die Unmöglich-*
keit, sie zu vereinzeln, auf die vielfach verwickelten *Beziehungen* geführt
wird, in denen sie einander gegenseitig ihre Bedeutung geben" (S. 367).
Hier tritt nunmehr die praevalirende Stellung, die das idealistische
Problem so lange in Herbart's metaphysischen Ueberlegungen eingenommen
hatte, zurück vor der allgemeineren Richtung auf die Grundbegriffe der
Naturauffassung, — ein Hinweis, den übrigens bereits das im Herbst
1802 erschienene ABC der Anschauung (XI. 96) ziemlich deutlich enthält.
Noch mehr zeigt Herbart's Absicht, über Metaphysik zu lesen, dass ihm
nunmehr ein vollständiger Entwurf derselben vorliegen musste.

Bevor er aber dazu kommt, sie abschliessend schriftlich darzustellen,
veröffentlicht er im Sommer 1805 die commentatio „de Platonici syste-
matis fundamento" (XII. 61), die den sprechendsten Beweis gibt für seine
eingehende Beschäftigung mit den Griechen und die besondere Richtung,
die ihn dabei leitete. Die Abhandlung ist durchaus beherrscht vom speculativen Interesse, wenn auch der historische Gesichtspunct, die Darlegung des nothwendigen Ursprungs der Ideenlehre aus der Einwirkung
des Heraklit und Parmenides auf Platon, in den Vordergrund gerückt
wird (S. 65). Für das richtige Verständniss der Ideenlehre ist vor allem
erforderlich, festzuhalten an der strengen Scheidung Platon's zwischen
dem Sein (der οὐσία), auf das sich die wahre Erkenntniss bezieht, und
der Veränderung (γένεσις), dem Gegenstande blosser Meinung (S. 71).
In dem Veränderlichen — dessen Natur die Heraklitische Lehre so deutlich
an's Licht gestellt hatte — sieht Platon Widersprüche, welche der ewig
sich gleich bleibenden Natur des Seienden, wie es die Eleaten zuerst
gelehrt hatten, zuwider sind. „Quod est, tale, quale est, omnino esse,
nec aberrare debet ab ista sua qualitate; alioquin concipi nequit. Rei
autem mutabilis notio interna laborat repugnantia, cum Idem Esse *ex*
sua ipsius qualitate *in alteram transire* dicatur. Hac difficultate motus
Platon sensuum testimonia prorsus segregavit a vera scientia" (S. 74).
„Latet autem omnis repugnantia in eo quod *eidem* Esse tribuuntur qualitates oppositae" (S. 81). Daher auch die Schwierigkeit des Dings mit
mehreren Merkmalen; denn es erscheint als gleich undenkbar, *mutabili-*
tatem et *pluralitatem* esse ejusdem rei, quae est *una* atque *immutabilis*
(S. 76). In einer Beilage erklärt Herbart, er wünsche die Abhandlung
in die Hände seiner Zuhörer, denn sie treffe „den Hauptnerven" seiner
Vorträge über Einleitung in die Philosophie. Der Darstellung der Platonischen Lehre folge die Logik; „der Vortrag meines speculativen
Systems" — erklärt er weiter — „knüpft daran die freilich von der Logik
gänzlich verschiedene und von den Philosophen bisher übersehene *Methode*

der Beziehungen, die man auch *Lehre von der Ergänzung der Begriffe* nennen könnte. Durch diese Methode *schwinden* (für mich) die Widersprüche hinweg, welche Plato in der Sinnenwelt antraf. Folglich ist Plato's System nicht das meinige" (S. 86). Das letztere ist gewiss richtig, aber schwer scheint es uns glaublich wenn Herbart erklärt: „Ad theoretica, ipsumque gravissimum illum de ideis locum, quod attinet, in toto hoc genere tam longe a Platone recedo, ut omnis tollatur comparatio, nec quidquam mihi inde manare possit, quod vel augeat, vel minuat philosophandi animum et confidentiam. Nullo igitur alio in Platone legendo studio ductus, nisi ut humani ingenii gressum in summo illo viro contemplarer, systematumque nexum melius cognoscerem etc." (S. 65). Dem gegenüber halten wir uns doch an die Thatsache, dass die Widersprüche der Erscheinungswelt, wie hier für Plato, so auch für Herbart den Ausgangspunct der Philosophie bilden, und dass letzterer in seiner Abhandlung gerade auf diese Seite der Lehre Platon's ein besonderes Gewicht legt.

Inzwischen näherte sich Herbart's Metaphysik wohl mit starken Schritten ihrer Vollendung, die ihr schliesslich im Sommer 1806 durch Abfassung der „Hauptpuncte der Metaphysik" (III. 1. ff.) zu Theil wurde. Denn dass hiemit wirklich erst der Abschluss zu Stande kam, dass es sich nicht bloss darum handelte, bereits vorhandene Aufzeichnungen bei guter Gelegenheit druckfertig zu machen, oder in sich längst klaren und vollständigen Gedanken die letzte angemessene Formung zu geben, dass vielmehr die Ausarbeitung des Werkchens das unmittelbare Ergebniss intensiver speculativer Bemühungen war, durch die Herbart selbst mit seinem System erst völlig in's Reine kam, scheint mir aus dem Brief vom 23. August 1806 (Bel. 157 ff.) hervorzugehen, mit welchem er die eben gedruckten „Hauptpuncte" seinem ehemaligen Zögling C. v. Steiger übersendet. Er schreibt dort: „Heiterer würde ich jetzt kommen, als Du mich seit langem gesehen hast. Erlöst von Arbeiten, für die ich die Zeit, wann sie fertig sein würden, noch vor einem Jahre nicht glaubte absehen zu können; Arbeiten, an welchen gleichwohl ein grosser Theil der Ruhe meines Lebens hing. Du empfängst meine Metaphysik. Kurz zwar, aber doch zusammengestellt ... Sollte ich Dir erzählen, was ich den Sommer über gedacht, empfunden, gethan und getrieben habe: — es würde sich so ziemlich auf die Metaphysik concentriren; für diese habe ich am Morgen Gedanken und am Mittag Zuhörer und verständige Freunde zu gewinnen gesucht. „Beides ist gelungen." Er nennt drei seiner Hörer und Tischgenossen und fährt fort: „Den drei Letztgenannten vorzugsweise bin ich es schuldig, nicht zwar, dass ich überall eine Metaphysik zu Stande bringen konnte, aber wohl, dass ich *diesen Sommer* schon Kraft und Munterkeit genug fühlte, sie soweit zur Reife zu bringen ... Ich vertraue, dass jeder Leser fühlen werde, wie das Raisonnement mit festem Schritt auf gebahntem Wege gradeaus geht. In der That habe ich das Ganze ohne Absatz noch Anstoss in kaum 3 Wochen von einem Ende bis zum anderen hinschreiben können. Das giebt Selbstvertrauen und ich bin so dreist, es Dir offen zu zeigen ... Mich wirst Du zwar beschäftigt, aber nicht wieder gedrückt finden. Was ich jetzt noch zu leisten oder zu tragen haben mag, dessen fühle ich mich mächtig ... Ich wüsste nicht, wer mir grossen Verdruss, oder was mir noch grosse

Unruhe machen könnte." — Hier wird in der That Niemand mehr den
Ausdruck eines völlig zur Reife gediehenen, in sich zu befriedigendem
Abschluss gelangten Denkens vermissen, und das dies erst ein Ergebniss
der allerletzten Zeit war, sprechen mehrere Stellen unseres Citates mit
grosser Bestimmtheit aus. Daher erscheint es durchaus gerechtfertigt,
die Entwicklungsperiode im metaphysischen Denken Herbart's erst mit
der Abfassung der „Hauptpuncte der Metaphysik" endigen zu lassen.

Den Einführungsworten der letzteren: „Die gegenwärtige Metaphysik
ist, ihrer Kürze ungeachtet, vollständig in Hinsicht dessen, was zur streng
wissenschaftlichen Einsicht in ihre Behauptungen wesentlich gehört" hat
die weitere Geschichte des System's durchaus Recht gegeben. Es sind
zur Darstellung der Hauptpuncte späterhin keine principiell fort- oder
umbildenden Zusätze gekommen. Am erheblichsten noch ist die Erweiterung, welche sie in der Folge durch das „Problem der Materie" erfahren haben (zuerst behandelt in den „Theoriae de attractione elemen-
torum principia metaphysica" vom J. 1812. IV. 552 ff.), wenn gleich auf
das Mittel zu dessen Lösung, das „unvollkommene Zusammen" bereits
die Hauptpuncte als auf einen „merkwürdigen Begriff für die Natur-
forschung" hingewiesen hatten. Um so weniger liegt in diesem Puncte
eine Veranlassung vor, die Periode der eigentlichen Entwicklung noch
weiter auszudehnen.

Unserer Betrachtung erübrigt noch der Versuch, wie in den früheren
Abschnitten, so auch hier die entwicklungsgeschichtlichen Zu-
sammenhänge nachzuweisen, durch welche die Resultate der letzten
Periode zu Stande gekommen sind. Eine vorherige Darstellung dieser
Resultate selbst erscheint um so überflüssiger, da die präcis-bündige
Zusammenfassung derselben in den „Hauptpuncten" eine leicht zu über-
sehende Quelle bildet, und auch in den philosophie-geschichtlichen Com-
pendien das Herbartische System bei der ihm eigenen Klarheit und
Consequenz in der Regel zu einer ziemlich adaequaten Wiedergabe kommt.
Ein kurzer Hinweis auf die wesentlichen Puncte, die wir ins Auge zu
fassen haben, dürfte hier genügen. Die früheren Abschnitte hatten es
zu thun mit der Genesis der Methodologie, des Seinsbegriffs, des Ich-
Problems und seiner Lösung; dazu kommt nun zur Vollendung des
Systems die Aufstellung der in der Aussenwelt sich bietenden Probleme
der Inhärenz und Veränderung, die allgemeine Formulirung der Lösungs-
methode, die Annahme der monadologisch vorgestellten Realen als Träger
des absoluten Seins mit ihren Störungen und Selbsterhaltungen, wozu
noch andere zum Ausbau des Systems erforderliche Hilfsbegriffe sich ge-
sellen; endlich die Behandlung der durch Zeit, Raum, Bewegung, Materie
gestellten synechologischen Probleme. So liegt noch viel Material vor,
während gerade der eben betrachtete Abschnitt die Genesis der Ansichten
in keiner Weise quellenmässig verfolgen lässt. Dadurch sind wir auf
Conjecturen verwiesen, deren Giltigkeit vor allem ihre innere Folgerichtigkeit verbürgen muss. Diese Folgerichtigkeit darf hier natürlich nicht
im Sinne systematisch-logischen Zusammenhangs, sondern nur als ent-
wicklungsgeschichtlich-psychologische Consequenz verstanden werden. Vor
unzulässiger Umstempelung jenes Gesichtspunctes in diesen hat sich die
Entwicklungsgeschichte vielmehr auf das Sorgfältigste zu hüten.

Dass die Probleme, welche Herbart in widersprechenden Be-

griffen der äusseren Erscheinungswelt fand, und dem sich selbst
vorstellenden Ich als gleichwerthige Principien an die Seite setzte, der
griechischen Philosophie entstammten, wird durch die innere Aehn-
lichkeit der Gedanken und das thatsächliche Obwalten des griechischen
Einflusses vollständig verbürgt. Die „Einleitung in die Philosophie" stellt
ausdrücklich Platon und die Eleaten neben Fichte mit dem Beifügen:
„Hier sind die verlorenen und oft verkannten Anfänge der Metaphysik"
(I. 174). Bereits in Jena, wo wir ihn mit dem eleatischen Sein wider
Schelling argumentiren sahen, hatte Herbart griechische Philosopheme zu
einem wirksamen Instrument seiner eigenen Speculation gemacht. In
der Folgezeit wurde das Interesse, welches er an den Schöpfungen der
Griechen nahm, noch wesentlich von pädagogischer Seite her erhöht.
Wie es ihm bei seinem Erziehungsgeschäft im Hause des Herrn v. Steiger
als der beste Weg der Characterbildung erscheint, „den Spuren der mora-
lischen Bildung des Menschengeschlechts selbst nachzugeben, uns an der
Hand der griechischen Geschichte in die Schule des Sokrates einführen
zu lassen" (XI. 24), so will er auch als Universitätsdocent in der Philosophie diesen culturgeschichtlichen Gang einschlagen und durch die
Griechen einführen „in die natürlichsten, ersten und darum ältesten Vor-
stellungsarten, welche sich echten und unbefangenen Denkern aufdrangen"
(XII. 87). Auf der anderen Seite war die Beziehung der griechischen
Philosopheme zu der Grundlage, die er vom Fichte'schen Ich aus für
seine eigene Metaphysik gefunden hatte, zu sehr in die Augen fallend,
als dass er diesen Zusammenhang nicht bald hätte weiter verfolgen
müssen. War einmal der sich aufdrängende Widerspruch als wesent-
liches Merkmal eines philosophischen Princips erkannt, warum sollten
nicht auch die von den Eleaten und Platon in der Veränderung, in der
Vielheit gegenüber der einfachen Natur des wahrhaft Seienden erkannten
Widersprüche als solche gelten? Freilich durfte man für ein Zeitalter,
das — hierin völlig verschieden von dem griechischen — in ausge-
bildeten naturwissenschaftlichen Theorien gerade von den Erscheinungen
der Aussenwelt die ausgedehntesten und zuverlässigsten Kenntnisse besass,
dieselbe nicht als wesenlosen Schein, oder als ein Object blosser Meinung
gegenüber dem wahren Wissen um die Gedankendinge der Speculation
erklären. Vielmehr war es offenbar, dass auch diese Widersprüche vermöge gewisser Denkbewegungen in nothwendigem Fortschritt gelöst
werden mussten, und so zum grossen Gewinn der philosophischen Arbeit
neue Anfangspuncte für die Speculation boten. Bei diesen Untersuchungen,
schien es, würde sich zuerst der Begriff des Sein, jener absoluten
Position, der durch den Idealismus aller Boden entzogen war, in an-
gemessener Weise verwenden lassen, und damit ein wahrhaft realistischer
Theil der Philosophie — die schon als Desiderat hingestellte Naturphilosophie begründet werden können. Jene von der griechischen Speculation entdeckten Widersprüche entsprangen ja zum Theil gerade aus
der strengen Fassung des richtigen Seinsbegriffs.

So galt es denn nur, von den neu gewonnenen Ausgangspuncten
auch den entsprechenden Fortgang zu finden. Bei dem Ich-Problem war
ein solcher gelungen, — warum sollten für völlig analoge Probleme
— in allen Fällen ging man ja von gegebenen Widersprüchen aus —
nicht analoge Lösungen bestehen? Es galt mindestens einen Versuch.

Einen passenden Anknüpfungspunct bot die Behandlung des Ich-Problems an der Stelle, wo die Forderung auftrat, die Vielheit einzelner Bewusstseinszustände dem Einen Ich identisch zu setzen (s. oben S. 26.) Denn zu einer ganz ähnlichen Aufgabe wird man innerhalb der äusseren Erscheinungswelt geführt. Hier treten Dinge auf mit dem Anspruch einheitlicher Existenzen, wider den doch die Vielheit coexistirender und in der Veränderung einander succedirender Merkmale streitet. Für das hiemit gestellte Problem hatte nun bereits die naturwissenschaftliche Betrachtungsweise eine Erklärung gefunden, indem sie die Dinge keineswegs als wahre Einheiten gelten liess, sondern in eine Vielheit elementarer Bestandtheile auflöste. Diese, in durchgehender Wechselwirkung einheitlich verknüpft, erzeugen erst den mannigfaltigen Schein an dem Einen Ding, der als Gestalt, Farbe, Härte u. s. w. in verschiedenartiger Weise unseren Sinnesorganen übermittelt wird. Es ist kaum zu zweifeln, dass Herbart bei seinem offenen Sinn für das erfahrungsmässige, durch methodische Forschung erweiterte und geläuterte Wissen, die von hier aus sich ergebenden Daten für die Auffassung der Erscheinungswelt bei seinen speculativen Lösungsversuchen mit zu Rathe zog. Wir bemerken, wie er namentlich der Chemie, deren tiefgreifende Um- und Neugestaltung durch Lavoisier gegen Ende des 18ten Jahrhunderts bereits allgemein zur Geltung gekommen war, eingehende Aufmerksamkeit zuwendet. In den Berichten an Steiger weist er mit Nachdruck hin auf „das Auszeichnende und Schwierigste der neueren chemischen Theorie — die Kenntniss der Grundstoffe und ihrer allgemeinsten Wirkungsgesetze“ (XI. 3. der Bericht ist im Nov. 1797 verfasst). Die Chemie scheint ihm dadurch ein vorzügliches Mittel zur Verstandesübung, ja er bringt sie in dieser Beziehung — „vielleicht allein“ unter allen übrigen Disciplinen, ohne auch nur die Physik noch neben sie zu stellen — unmittelbar in die Nachbarschaft der strengsten Wissenschaft, der Mathematik (im „ABC der Anschauung“ von 1802 ebd. S. 92) — ein deutliches Zeichen für die wichtige Stellung, welche die junge Wissenschaft in seinem Gedankenkreis einnahm. Vielleicht hatte hiezu auch gerade schon die Erkenntniss ihrer nahen Beziehung zu gewissen Aufgaben der Speculation mitgewirkt.

Die neue Lehre von den Grundstoffen und ihren Wirkungsgesetzen — wie Herbart selbst ihren wesentlichen Inhalt zutreffend bezeichnet — bot eine weit angemessenere Grundlage für die Erklärung der uns umgebenden Erscheinungen, als gewisse physikalisch-atomistische Vorstellungsweisen, die zu einseitig lediglich formale Verhältnisse in Rücksicht gezogen hatten. Zwar das Berechtigte des atomistischen Gedankens, die Setzung vieler getrennter Existenzen, blieb durchaus bestehen, und es war in dieser Beziehung schon durch Leukipp und Demokrit der richtige Fortschritt über das Eine Sein der Eleaten hinaus — aus dem freilich nie ein Vieles werden konnte — geschehen. Das Wesentliche desselben, die Annahme discreter elementarer Bestandtheile, hatte die neuere Physik adoptirt und schon längst zur herrschenden Anschauung in den Kreisen der Wissenschaft erhoben. Dazu kam nun von Seiten der neubegründeten Chemie als wichtige Ergänzung und Weiterbildung der Hinweis auf ein wahrhaft qualitatives Verhalten der Elemente, das in der Wechselwirknug derselben nach den Gesetzen der chemischen Verwandtschaft sich geltend machte und die Grundlage abgab für die mannigfaltigen Eigenschaften der erscheinenden Dinge. Dabei blieb die Qualität der einzelnen Grundstoffe selbst unangetastet, diese traten aus allen Verbindungen unverändert wieder hervor, wodurch die beharrende Natur des Seienden aufs Sicherste bestätigt schien. So hatte man constante Elemente im Wechsel der Erscheinungswelt, wandellose Träger realer Existenz und an Stelle der abstracten und schwer fasslichen Anziehungs- und Abstossungskräfte, welche die Physik seit Newton zwischen den Atomen hin und wider wirken liess, trat hier, als Ursache der Wechselwirkung, das Verhältniss verschiedener Qualitäten — Verwandtschaft, wie die Chemie sich ausdrückte, mehr die Thatsache der Verbindung beachtend; eher aber durfte man wohl von einem Gegensatz sprechen, denn in Wahrheit zeigten sich die kräftigsten Verbindungen unter solchen Stoffen, die in ihrer Beschaffenheit am meisten von einander abwichen.

Derart war der Unterbau, den die Chemie für die wissenschaftliche Auffassung der Körperwelt lieferte, und in der That kamen dabei Gesichtspuncte zum Vorschein, welche eine Analogie mit den psychologischen Betrachtungen boten, die Herbart über das Ich angestellt hatte. Auch hier mussten die vielen Elemente, die man im Ich annahm, in eine Wechselwirkung treten nach Massgabe ihres qualitativen Gegensatzes. Warum sollten nicht die Qualitäten, die den selbständigen Elementen der Erscheinungswelt anhafteten, eine ähnliche Betrachtungsweise zulassen — die chemischen Actionen und Reactionen sich den gleichen Gesichtspuncten unterordnen? Nur musste man diese „Realen" (wie nachmals der terminus des Systems lautete) in eine solche Lage bringen, dass ihre Qualitäten für einander zugänglich waren, — die chemischen Experimente deuteten sichtlich genug darauf hin — es musste eine gewisse Art des „Zusammen" für sie stattfinden. Ferner musste Art und Erfolg der Wechselwirkung sich etwas anders gestalten für selbständig in den Raum gesetzte Wesen, als für psychische Gebilde, die bloss Zustände im Ich repräsentirten.

Es mag genügen, die Richtung angedeutet zu haben, in der sich hier die Möglichkeit speciellerer Ausführungen bot; das Wesentlichste ist hiebei der Hinweis, wie Herbart für ein Problem der äusseren Erscheinungswelt — er nannte es später das Problem der Inhärenz — den gleichen Weg der Lösung gangbar finden mochte, der ihn bereits bei der Erklärung des Selbstbewusstseins zum Ziele geführt hatte. Diesem Verfahren schien daher auch keineswegs nur eine speciell psychologische, sondern eine allgemein metaphysische Bedeutung zuzukommen. So wurde daraus die „Methode der Beziehungen", die ganz allgemein angibt, welcher Mittel sich die Speculation zur Lösung ihrer durch Widersprüche gegebenen Probleme zu bedienen hat. Ihre Anweisung ist im Wesentlichen folgende: Ist ein Widerspruch gegeben durch die Forderung, zwei entgegengesetzte Glieder M und N zu vereinigen, so vervielfältige man das eine derselben M und setze die vielen M in ihrem Zusammen (dessen besondere Bestimmung aus den eigenthümlichen Verhältnissen jedes einzelnen Problems sich ergibt) gleich dem Einen N, wodurch dann die Ansprüche der Logik, welche die Identität des M und N vereint, und die der Erfahrung, welche sie behauptet, gleich gut befriedigt sein sollen. (Hauptp., Einl. III. 8 ff. Allgem. Metaph. §. 185 f. IV. 49 ff. u. ö.)

Dass dieses eigenthümliche Bestandstück der Herbartischen Metaphysik in der That nur der verallgemeinerte Ausdruck ist für die Operation, welche zur Lösung des Ich-Problems geführt hatte, springt in die Augen, wenn wir uns erinnern, dass dort das Zusammen der vielen einzelnen Vorstellungen, die durch wechselseitige Hemmung einander modificiren und zu einem continuirlichen Fluss verbunden werden, das Substrat abgab für den Ich-Begriff und denselben denkbar machte. Dazu kommt noch die eigene Versicherung Herbart's in der Vorrede zur „Psychologie als Wissenschaft" (V. 195), wo er sich über den „geschichtlichen Gang" seiner Untersuchungen folgendermassen ausspricht: „Von der Untersuchung des Ich bin ich wirklich ausgegangen; die nothwendigen Reflexionen über das Selbstbewusstsein haben sich von ihrer besonderen Veranlassung späterhin losgemacht; daraus ist ein allgemeiner Ausdruck derselben entstanden, den ich *Methode der Beziehungen* nenne, und auch für andere metaphysische Grundprobleme passend gefunden habe." Es ist bezeichnend, dass dann dasselbe Werk, welches, wie es am eben angeführten Orte heisst, den geschichtlichen Gang der Untersuchung „ganz offen darstellt" (auf seine Uebereinstimmung mit dem „ersten Entwurf der Wissenslehre" wurde bereits oben S. 24 hingewiesen) in einem besonderen Capitel eine „Vergleichung des Selbstbewusstseins mit anderen Problemen der Metaphysik" (§. 31 ff.) durchführt, wobei all' die Beziehungen auf die oben hingewiesen wurde, recht klar hervortreten.

Für uns wird von hier aus begreiflich, wie Herbart in seiner Lehre vom „wirklichen Geschehen" in den Realen, ihren Störungen und Selbsterhaltungen, genau mit denselben Vorstellungsweisen operirt, auf die ihn seine psychologischen Betrachtungen geführt hatten, und in der That bei ihm „die einfachsten Erfahrungen unseres Bewusstseins hinübergewandert sind in die äusseren Dinge" (Wundt, Ueber d. Aufg. d. Phil. in d. Gegenw. 1874. S. 17). Ein schlagendes Beispiel in dieser Beziehung geben die „zufälligen Ansichten" (Hauptp. §. 2. Allgem. Met. §§. 174, ff., 190) von den einfachen Qualitäten der Realen, die nur eine Wiederholung dessen sind, was die mathematisch-psychologischen Untersuchungen über die verschiedenen Gegensatzgrade unter den einzelnen Vorstellungen zu bestimmen nöthig gehabt hatten. Innerhalb der Psychologie waren hier — darauf führte schon der Versuch einer „Mechanik" des Geistes — die Analogieen der mathematischen Physik massgebend gewesen. Die Verhältnisse einander entgegenwirkender Kräfte von verschiedener Grösse mit mehr oder minder entgegengesetzten Richtungen gaben unmittelbar das Vorbild für die Hemmung entgegengesetzter Vorstellungen, deren Intensität an die Stelle der Kraftgrösse, und deren grösserer oder geringerer Gegensatz an Stelle des Neigungswinkels der Kraftrichtungen tritt. Wie die Mechanik den Fall zu einander geneigter Kräfte durch Zerlegung in gleich und entgegengesetzt gerichtete Componenten der Rechnung zugänglich macht, so musste Herbart um eine quantitative Bestimmung des Gegensatzgrades zu gewinnen, die einfachen psychischen Qualitäten zerlegen in völlig gleiche und völlig einander entgegengesetzte Theile. Von der Mechanik aus wurde er wohl erst auf die Analogie dieser Zerlegungen mit gewissen arithmetischen und geometrischen Verhältnissen geführt, und es verdeckt den ursprünglichen Zusammenhang, wenn die systematischen Darstellungen der Metaphysik zunächst die letztgenannten Beispiele als Belege für die zufälligen Ansichten herbeiziehen.

Es zeigt diese Periode in der metaphysischen Entwicklung Herbarts eine Wendung, wie sie in der Geschichte der Systeme öfter vorkommen mag, und namentlich bei Kant zu einem typischen Ausdruck gelangt ist. Es ist das die Uebertragung einer gewonnenen Betrachtung von dem besonderen Gegenstand, der sie veranlasste, auf andere Gebiete, die Verallgemeinerung der anfänglich eingeschlagenen Gedankengänge. Die obige Erklärung Herbart's tritt in dieser Hinsicht unmittelbar in Parallele zum oft citirten Berichte Kant's in der Vorrede der Prolegomenen, wonach er durch Ausdehnung des Hume'schen Problems über alle „reinen Verstandesbegriffe" und Anschauungsformen die vollständige Grundlage seines kriticistischen Systems gewonnen hat. Ebenso verallgemeinert Herbart den Grundgedanken des von Fichte ihm überlieferten Problems, und erweitert ihn zum Fundament, das alle Theile seiner Philosophie tragen soll. Dieser Vorgang ist psychologisch — als Apperceptions-process betrachtet — ein äusserst natürlicher. Die in Richtung des ersten intensiven Suchens gefundenen Vorstellungsweisen setzen sich mit grosser Stärke fest und geben das Apperceptionsorgan ab für das neu hinzu Tretende. Gleichzeitig drängt das hiemit zusammenhängende „Streben nach Einheit" zur Unterordnung grosser Gebiete unter denselben leitenden Gesichtspunct. Freilich gerade weil hiebei psychologische Factoren in so sichtlichem Masse wirksam sind, ist bezüglich der logischen Zulässigkeit solcher Uebertragungen ein doppelt kritisches Verhalten nöthig.

Den Ansichten Herbart's von einer qualitativen Wechselwirkung der Realen zufolge ihres Gegensatzes wurden im Bisherigen nur gewisse chemische und psychologische Analogieen als fundirend untergelegt. Dazu scheint nun noch die Wissenschaftslehre einige Gesichtspuncte zu enthalten, welche für die Gestaltung der genannten Lehren unmittelbar massgebend gewesen sein dürften. Es wurde schon oben (S. 28) daran erinnert, wie im theoretischen Theil der Wissenschaftslehre das Nicht-Ich zu einer durchaus selbständigen Macht erhoben wird; auf Schritt und Tritt ist da von seiner Wechselwirkung mit dem Ich die Rede. Das „Causalverhältniss" zwischen beiden „besteht darin, dass vermöge der Einschränkung der Thätigkeit in dem Einen eine der aufgehobenen Thätigkeit gleiche Quantität der Thätigkeit in sein Entgegengesetztes gesetzt werde" (Fichte's S. W. I. S. 250). Sehr bestimmt spricht sich über den Ursprung der Empfindungen der „Grundriss des Eigenthümlichen der Wissenschaftslehre" aus, und die Analogie der hiebei zu Tage tretenden Anschauungen mit der Art und Weise, wie Herbart aus den einander wechselseitig aufhebenden Störungen und Selbsterhaltungen entgegengesetzter Realen die inneren Zustände — das psychische Material — gewinnt, erweist sich namentlich in folgenden Stellen recht schlagend: „Das Ich muss jenen *Widerstreit* entgegengesetzter Richtungen, oder, welches hier das gleiche ist, entgegengesetzter Kräfte setzen; also weder die eine allein, noch die zweite allein, sondern beide; und zwar beide *im Widerstreite*, in entgegengesetzter, aber völlig sich das Gleichgewicht haltender Thätigkeit. Entgegengesetzte Thätigkeit aber, die sich das Gleichgewicht hält, vernichtet sich und es bleibt Nichts. Doch soll etwas bleiben und gesetzt werden: es bleibt demnach ein *ruhender Stoff*, ein *Substrat* der Kraft, und zwar nicht als ein *vorhergesetztes*, sondern als *blosses Product der Vereinigung entgegengesetzter Thätigkeiten*. Dies ist der Grund alles Stoffs und alles möglichen bleibenden Substrat's im Ich" (ebd. S. 336). Auf diese Weise kommt es zur „Empfindung (gleichsam *Insichfindung*)". Die aufgehobene, vernichtete Thätigkeit des Ich ist das *Empfundene*. (S. 339.) Diese Bestimmungen würden ganz gut auch in den Rahmen der Herbartischen Metaphysik passen. Allerdings besitzen die Realen derselben keine ursprüngliche — nach öfteren eindringlichen Versicherungen des Urhebers überhaupt keine — Thätigkeit. Vermöge ihrer Unveränderlichkeit heben sie den Vernichtung drohenden Eingriff entgegengesetzter Wesen durch Selbsterhaltung auf. So scheint auch hier, wie bei Fichte, Nichts zu bleiben, während doch Etwas bleiben soll, welches Etwas-Nichts dann unter dem Titel eines „wirklichen Geschehens" (Hauptp. §. 5. Allgem. Metaph. §. 234 ff.) den Empfindungsstoff liefert. Dass die hervorgehobenen Aehnlichkeiten nicht bloss zufällige sind, sondern auf ein inneres Abhängigkeitsverhältniss hinweisen, scheint mir kaum zweifelhaft. Herbart hatte sich so sehr in die Wissenschaftslehre hineingearbeitet, dass er fast unwillkürlich mit ihren Vorstellungsweisen operiren musste, und so war es natürlich, dass er sich die Wechselwirkung des Ich mit einem selbständigen Nicht-Ich unter den Bestimmungen dachte, die ihm die Wissenschaftslehre geläufig gemacht hatte.

Wir finden auf diese Weise zwei Gedankengänge, welche beide zur Lösung des Problems der Wechselwirkung hinführten. Der eine, den wir eben betrachteten, entspringt aus der Wissenschaftslehre, und bezieht sich nur auf das Causalverhältniss von Ich und Nicht-Ich, welches die Bildung innerer Zustände zur Folge haben muss; der andere, wesentlich durch Gesichtspuncte bedingt, die sich bei Erklärung des Selbstbewusstseins ergeben hatten, führte zu einer Ansicht über die Wechselwirkung unter realen Wesen überhaupt. Als ein solches musste nun auch der Träger der Bewusstseinsphänomene gedacht werden, und es repräsentirte daher jenes erstere Verhältniss nur einen Specialfall der allgemeinen Wechselwirkung, die hinwieder ihrerseits sich die nähern Bestimmungen jenes Specialfall's zueignete. Alle Realen wirken durch Störung und Selbsterhaltung auf einander, und bilden innere Zustände aus. So ist der Cirkel geschlossen: die psychischen Zustände bedingten das Bild, das sich Herbart von den Realen entwarf, und diese Realen geben nun die Grundlage ab für die psychischen Zustände, die sie zufolge ihres eigenthümlichen Wesens aus sich entwickeln. — In solchem Zusammenhange entstand der spiritualistisch-monadologische Character der Herbartischen Metaphysik, und es scheint kaum erforderlich, daneben noch die Einwirkung verwandter, historisch gegebener, Standpuncte anzunehmen.[18])

Die synechologischen Untersuchungen über Raum, Zeit, Materie nehmen in der Darstellung des Herbartischen Systems einen beträchtlichen Raum ein. Die Entwicklungsgeschichte hat aber nur sehr wenig über sie zu sagen. Sie wurzeln vor allem in den mathematischen Studien, die Herbart seit seinem Aufenthalte in der Schweiz mit grossem Eifer trieb. Auf seinen speculativen Sinn scheint von Anbeginn die Analysis des Unendlichen eine grosse Anziehungskraft ausgeübt zu haben. Es ist interessant, wie er auch im „ABC der Anschauung", das doch zur ersten Einführung in den geometrischen Unterricht bestimmt ist, überall die Vorstellung eines continuirlichen Wachsens, Fliessens der Raumgrössen betont und auf die verschiedenen Wachsthums-, oder Differentialverhältnisse zusammengehöriger Werthe hinweist. Die Eigenschaften des Continuums sind es eben, welche ihn auch von philosophischer Seite her beschäftigen, und es kommt darauf an, sie mit den gewonnenen metaphysischen Grundlagen des Systems in Uebereinstimmung zu setzen. Von entwicklungsgeschichtlichen Betrachtungen kann hiebei nicht viel die Rede sein. Der ganze Apparat liegt fertig vor[19]): auf der einen Seite die metaphysischen Begriffe, auf der anderen die Anschauungen der Wissenschaft und die Thatsachen der Erfahrung. Drum kann auch die Kluft, die zwischen den beiden Seiten sich öffnet — die Metaphysik kennt nur streng punctuelle Wesen und erklärt mit den Eleaten das Continuum für widersprechend — nur künstlich überbrückt werden. Aber die consequente Durchführung des Systems forderte eine solche Ueberbrückung und Herbart war ein hinreichend entschiedener Systematiker, um dieser Consequenz zu Liebe aus „unmittelbar an einander" gesetzten mathematischen Puncten die „starre Linie" zu bilden, die dann freilich, um unseren mathematischen und physikalischen Raum zu liefern, doch ins Stetige zerfliessen muss. (Hauptp. §. 7. Allgem. Metaph. §. 249, 258 f.) Die Widersprüche kehren damit allerdings wieder — sollen aber nun bei blossen Formen der Zusammenfassung, wie es Zeit und Raum sind, unschädlich sein (Allgem. Metaph. §. 242 u. ö.) Mit der gleichen Clausel wird auch die von den Eleaten aus der Welt hinweg demonstrirte Bewegung wieder zugelassen. Die Construction der ausgedehnten Materie aus den punctuellen Realen (die keine Fernewirkung ausüben dürfen) gelingt, indem diesen doch — freilich unter dem Namen einer blossen „Fiction" — Ausdehnung beigelegt wird (ebd. §. 267). Wir würden schwer begreifen, wie das sonst so strenge und klare Denken Herbart's vor den unerträglichen Härten und offenbaren Erschleichungen dieser synechologischen Aufstellungen nicht zurückschreckt, wenn wir nicht beachteten, dass sie erst dem Bau des fertigen Systems als letzter Abschluss hinzugefügt worden sind. Sollte man den ganzen Bau abtragen weil die Schlusssteine nicht recht hineinpassen wollten? Konnte die so feste und wohlverarbeitete Vorstellungsmasse, welche das gefundene System enthielt, durch ein Paar Unzulänglichkeiten, die sich bei der Ausbreitung desselben auf Gebiete der Erfahrung und Wissenschaft herausstellten, erschüttert werden? — Es begegnet uns hier nicht zum ersten, noch auch zum letzten Mal innerhalb der Geschichte der Philosophie die Erscheinung, dass die Systemsucht das logisch Unmögliche zum psychologisch Nothwendigen gemacht hat.

Die letztbetrachtete Periode bringt einen Characterzug des Herbartischen Philosophirens zum Ausdruck, der früherhin noch nicht zu bemerken war: es ist die Vereinigung der verschiedenartigsten, geradezu heterogenen Gesichtspuncte, deren Combination die Ausführung des Systems ermöglicht. Eleatische und Platonische Gedanken werden mit Conceptionen Fichte's und Lehren moderner Naturwissenschaft durchsetzt; dabei wirken in erheblichem Masse die Producte mit, die Herbart seiner eigenen Speculation bereits verdankt. Hiezu werden dann mancherlei Zusatzbestimmungen nöthig, welche, gleichsam als

Banden und Klammern, die divergirenden Bestandstücke des Systems zusammenzuhalten haben. Am schwierigsten ist die Ausgleichung zwischen dem Eleatischen Sein und den Thatsachen qualitativer Veränderung. Es ist interessant, dass Herbart, um dieselbe zu bewerkstelligen, auf einen Platonischen Gedanken zurückgreift: er führt eine strenge Scheidung ein zwischen dem Reich des Seins und dem des Geschehens, so dass keines mit dem anderen etwas gemein haben soll und, was von dem einen gilt, ganz und gar ohne Bedeutung ist für das andere. Zum entschiedensten Ausdruck kommt diese Lehre im merkwürdigen §. 235 der Allgemeinen Metaphysik, wo man sich zugleich überzeugen mag, dass die Platonische Scheidung von οὐσία und γένεσις in optima forma rehabilitirt ist — freilich nicht auch die entsprechende von ἐπιστήμη und δόξα.

Die Frage nach der wissenschaftlichen Berechtigung dieser Ausgleichsversuche fällt, wie alle Fragen, die es mit den logischen Kriterien innerer Zusammengehörigkeit und Folgerichtigkeit zu thun haben, nicht mehr in den Gesichtskreis der Entwicklungsgeschichte.

Ziehen wir zum Schlusse kurz die Summe der Arbeit, so ist der Entwicklungsgang, den sie im metaphysischen Denken Herbart's nachzuweisen suchte, folgender. Zunächst begründet sich bei ihm noch während der Schulzeit eine starke philosophische Triebkraft im Geiste des vorkantischen Rationalismus, wobei das Streben nach logischer Strenge und systematischem Zusammenhang der Erkenntniss in den Vordergrund tritt. Dieses Streben findet sodann ein geeignetes Object zu seiner Bethätigung an dem widerspruchsvollen Ich Fichte's, und indem Herbart an dasselbe Betrachtungen logischer Natur knüpft, gewinnt er seine Ansichten über Princip und Methode der Philosophie. Durch psychologische Ueberlegungen, wie sie ihm in der nächstfolgenden Periode auch die Erzieherthätigkeit nahe legt, beseitigt er die Schwierigkeiten, die er im Ich-Begriff gefunden hatte und gelangt durch diesen ersten erfolgreichen Schritt seiner Speculation zur Grundlegung einer neuen Psychologie. Das hiebei eingeschlagene Verfahren dient endlich dazu, auch ein Problem der äusseren Ersheinungswelt, auf welches die Beschäftigung mit der griechischen Philosophie hingeführt hatte, zu lösen und unter Verwerthung psychologischer Analogieen und naturwissenschaftlicher Anschauungen die realistische Basis zu gewinnen, auf welcher das System zu nunmehr ermöglichter vollständiger Ausführung principiell begründet erscheint.

Der hervorstechendste Characterzug dieser Entwicklung ist ihre strenge Continuität. Am besten veranschaulichen wir uns dieselbe unter dem Bild einer Bahncurve, die ohne alle Ecken und Spitzen, ja auch ohne Wendepuncte und unter kaum merklicher Krümmung verläuft. Denn nur in leichten Abbiegungen ändern die späteren Impulse die mit grosser Intensität des Fortstrebens begründete Anfangsrichtung. Nie wird ein Schritt rückwärts gethan, oder in eine neue Bahn eingelenkt; keine einmal gewonnene Ueberzeugung wird als irrig erkannt und eine andere an ihre Stelle gesetzt. Es fehlen gänzlich jene „Umkippungen", wie sie bei Kant eine so grosse Rolle spielen, und für diesen erst im 48sten Lebensjahr ein Ende erreichen. Im Gegensatz hiezu kann Herbart schon mit 30 Jahren auf eine abgeschlossene Entwicklung zurücksehen, die, ohne Abirrung dem von Anbeginn gesteckten Ziele zusteuernd, durch jeden neuen Einfluss nur in ihrer Richtung bestärkt wurde.

Diese Anfangsrichtung bestimmt daher auch völlig den Character des Systems. Dasselbe ist seiner ganzen Anlage und Tendenz nach ein entschiedener Rationalismus. Bei den fundirenden Conceptionen ist derselbe augenfällig; aber auch die weiter hinzutretenden Ausführungen haben alle näher oder entfernter den Zweck, das rationalistische Streben zu befriedigen. Was Herbart, als ihn in Jena Schelling beschäftigte, in Uebereinstimmung mit diesem forderte; aus der Idee der systematischen Form müsse sich der Inhalt ergeben, ist bei der Entwicklung seines eigenen Systems zur Geltung gekommen. Mit voller Berechtigung spricht er es selbst aus: sein System habe sich allein aus der Methode entsponnen und der Inhalt der Wissenschaft sei ihm aus dem Plane entsprungen (Rel. S. 245). Als einen solchen zum rationalistischen Plan hinzugekommenen Inhalt müssen wir auch den Realismus des Systems ansehen, der daher keineswegs geeignet ist, das primäre und hauptsächliche Characteristicum desselben abzugeben.

Jene ununterbrochene Consequenz des Entwicklung aber musste ein Gefühl der Sicherheit, eine felsenfeste Ueberzeugung von der Wahrheit des Systems begründen, die nicht nur gegen alle äusseren Angriffe unerschütterlich dastand, sondern auch den inneren Widerspruch eher trug, als den einmal gewonnenen Standpunct aufgab. Unwillkürlich werden wir hiebei an Spinoza erinnert — dem Inhalte der Lehren nach freilich den ausgesprochenen Antipoden unseres Philosophen. Sehr zutreffend sagt Herbart — der kundige Psychologe — selbst von sich: „Wenn sich ein Individuum lange Jahre hindurch auf einer und der nämlichen Linie des Forschens mit möglichster Behutsamkeit fortbewegt: so entsteht daraus für dieses Individuum Ueberzeugung[20]), für Andere zunächst nur eine Thatsache des wissenschaftlichen Denkens (V. 195). — Solche Thatsachen uns verständlich zu machen, ist die Aufgabe der Geschichte der Philosophie; sie wird sie nur vollständig lösen, wenn sie zugleich den Bedingungen und der Art ihres Entstehens nachforscht.

Die Verwerthung der Gesichtspuncte, welche die Entwicklungsgeschichte des Herbartischen Systems für die richtige historische Auffassung und Beurtheilung desselben ergibt, ist dem zweiten Theile dieser Arbeit vorbehalten.

Anmerkung. Die Noten, auf welche die Ziffern im Text verweisen, sowie der erwähnte zweite Theil finden sich in dem grösseren Schriftchen des Verfassers: Die Metaphysik Herbart's in ihrer Entwicklungsgeschichte und nach ihrer historischen Stellung.˙ Leipzig, H. Matthes.

Lebenslauf.

Ich, Joseph Franz Capesius, wurde geboren am 21. Juli 1853 im Dorfe Probstdorf in Siebenbürgen, als Sohn des dortigen evang. Pfarrers Bernard Franz Capesius. Mein Vater wechselte von da an zweimal seine Stelle und bekleidet seit 1864 das evangel. Pfarramt im Dorfe Scharosch. Von ihm erhielt ich den ersten Unterricht, auch in den Gymnasialfächern, und besuchte erst von meinem 14ten Lebensjahre an das evang. Gymnasium in Hermannstadt, wo ich im Sommer 1871 das Abiturientenexamen ablegte.

Nach einjährigem Aufenthalt im väterlichen Hause bezog ich zu Michaelis 1872 die Universität Leipzig, um hier als Lehrfach Mathematik und Physik, und — wie es die evang. Landeskirche in Siebenbürgen von ihren Lehramtscandidaten fordert — daneben auch Theologie zu studiren. Doch kamen fast nur die mathematisch-physikalischen Studien bei mir zur Geltung, für welche mir die Vorlesungen der Herren Proff. Neumann, Zöllner, Bruhns, Mayer reiche Anregung boten. Grossen Dank schulde ich auf diesem Gebiete vor allem Herrn Geh. Hofrath Prof. Hankel, der mir namentlich in den von ihm geleiteten physikalischen Uebungen die schätzbarsten Belehrungen hat zu Theil werden lassen.

Von entscheidender Bedeutung für meinen weiteren Studien- und Bildungsgang war es, dass ich im Herbste 1873 in das pädagogische Seminar von Herrn Prof. Ziller, und damit überhaupt unter denjenigen Einfluss trat, der wie kein zweiter während meiner Studienzeit bestimmend für mich werden sollte. Herrn Prof. Ziller verdanke ich nicht nur eine reiche Fülle wissenschaftlicher Belehrung, sondern mehr Planmässigkeit und Concentration für meine gesammten Bestrebungen, und vor allen Dingen empfing ich von ihm das nachhaltige Interesse an der Philosophie, die von nun an mehr und mehr in den Mittelpunct meiner Studien trat. — Ausser bei Herrn Prof. Ziller hörte ich in Leipzig noch philosophische Vorlesungen bei Herrn Geh. Hofrath Prof. Drobisch und Herrn Prof. Wundt. Auch die philosophischen Uebungen unter Hern Dr. Wolff gewährten mir mannigfache Anregung.

Ostern 1876 verliess ich Leipzig, um den Sommer in der Heimath zu verweilen. Von Michaelis 1876 an habe ich sodann in Berlin ein Jahr lang hauptsächlich philosophische Studien getrieben, wobei mir der Anschluss an Herrn Prof. Steinthal und an die Herren Docc. Dr. Paulsen und Dr. Erdmann sehr werthvoll geworden ist. Daneben versäumte ich die in Berlin sich bietende Gelegenheit nicht, bei Männern wie Helmholtz und Du Bois-Reymond eine Weiterbildung meines mathematisch-physikalischen Wissens und die Erwerbung der grundlegenden physiologischen Kenntnisse zu suchen, wie sie gegenwärtig bei der Beschäftigung mit Philosophie unentbehrlich sind.

Druck von C. H. Schulze in Gräfenhainichen.